Wolfgang Lessel

Projekt-management

Projekte effizient planen –
Projekte erfolgreich umsetzen

4. Auflage

POCKET BUSINESS

Cornelsen
SCRIPTOR

Bibliografische Information der Deutschen Nationalbibliothek
Die Deutsche Nationalbibliothek verzeichnet diese Publikation in der Deutschen Nationalbibliografie; detaillierte bibliografische Daten sind im Internet über http://dnb.d-nb.de abrufbar.

Bibliographisches Institut GmbH
Dudenstraße 6, 68167 Mannheim

Redaktion Dr. Hildegard Hogen, Jürgen Hotz
Herstellung Judith Diemer
Umschlaggestaltung glas-ag, Seeheim-Jugenheim
Umschlagabbildung shutterstock.com/mypokcik (Puzzle)
Satz Fotosatz Moers, Viersen
Druck und Bindung Freiburger Graphische Betriebe
Bebelstraße 11, 79108 Freiburg/Breisgau
Printed in Germany

ISBN 978-3-411-86999-2

Inhalt

Einführung 7

1 Die grundsätzlichen Begrifflichkeiten 11

- Wann spricht man von einem Projekt? 11
- Was ist Projektmanagement? 13
- Sichtweisen des Projektmanagements . . . 14

2 Projektvorbereitung 16

- Die Projektidee 16
- Checkliste Projektidee 18
- Die Entscheidung zur Durchführung eines Projektes 18
- Das Ziel ist der Weg 21
- Checkliste Projektziel 28
- Der Projekt-Phasen-Plan 29
- Der Projektantrag und der Projektauftrag 33
- Checkliste für einen Projektantrag 33
- Die Kick-off-Phase 34
- Checkliste Sitzungsformular 34

Magazinseite
Erste Projektsitzungen 36

- Die Projektakte 38
- Checkliste Projektakte 38

- Der erste Projektstrukturplan (Grobstruktur) 39
- Meilensteine und Arbeitspakete 40
- Checkliste Arbeitspaket 44
- Dauer- und Aufwandsabschätzung 45
- Ablaufplanung 47

Magazinseite
Netzplantechnik 52

Magazinseite
Gantt-Chart 54

- Chancen, Risiken und Entwicklungstendenzen von Projektmanagement-Tools 56

Auf den Punkt gebracht 59

3 Die Feinplanung 60

- Die Terminplanung 60
- Die Ressourcenplanung 66
- Die Kostenplanung 71
- Checkliste Feinstrukturierung Projektstrukturplan 71
- Die Risikoanalyse und das Risikomanagement 72
- Checkliste Chancen und Risiken 77
- Das Qualitätsmanagement 77

Magazinseite
Qualitätsmanagement 78

- Checkliste Qualitätsmanagement 80

Auf den Punkt gebracht 81

4 **Der Mensch im Projekt** **82**

- Führungsrollen und -anforderungen im Projekt 82
- Teamentwicklung 86

Magazinseite
Phasenverlauf bei der Teamentwicklung 88

- Konfliktbearbeitung 90
- Checkliste Analyse von Gruppen- und Teamprozessen 91

5 **Die Projektsitzungen richtig führen** **92**

- Gute Vorbereitung ist der erste Schritt zum Erfolg......................... 92
- Der Moderator entscheidet über den Erfolg 93
- Das Ergebnis ist die Messlatte für den Sitzungserfolg 94

6 **Allgemeine Projektüberwachung** **95**

Auf den Punkt gebracht **97**

7 **Projektcontrolling** **98**

- Welche Informationen sind notwendig? ... 100
- Durchführbarkeit des Projektes 105

Magazinseite
Der Projektbericht 109

- Meilenstein-Trend-Darstellung 113
- Tabellarische Soll-Ist-Verfolgung 115
- Soll-Ist-Verfolgung im Balkendiagramm . 116
- Maßnahmen zur Behebung von Abweichungen im Projektplan 118
- Risiken im Projektcontrolling 121

8 Projektabschluss 122

- Checkliste Projektabschluss 125

Stichwortverzeichnis 126

Einführung

Warum richtiges Werkzeug wichtig ist

Wenn Sie zu diesem Buch gegriffen haben, sind Sie vermutlich Mitarbeiter/-in oder Leiter/-in eines Projekts, und Sie möchten Ihre Arbeit in diesem Projekt effizienter gestalten. Dieses Buch spricht Sie aber natürlich auch als Leser/-in an, wenn Sie sich einfach nur vorbereitend über Projektmanagement informieren oder sich grundlegend einarbeiten möchten.

Projekte können eine sehr unterschiedliche Dimension haben – vom kleinen Team, das eine Sonderaufgabe löst, über die Einführung neuer Unternehmensstrategien bis zu großen Projekten wie der Kreation neuer Fahrzeugtypen oder dem Bau eines Flughafens. Lassen wir die genaue Definition von Projekt noch einem Moment beiseite (sie folgt im ersten Kapitel), und machen wir uns an alltäglichen Beispielen klar, worauf sich Projektmanagement bezieht.

Die Planung eines Urlaubs, der Kauf eines Autos, die Planung und Durchführung eines Umzugs, der Bau eines Hauses – bei all dem gehen Sie bereits mit wesentlichen Elementen des Projektmanagements um:

- Sie formulieren Ziele,
- Sie gehen mit Ressourcen um,
- Sie verwalten Budgets,
- Sie kommunizieren mit anderen Beteiligten,
- Sie prüfen Lieferumfang und Leistungen,
- Sie analysieren Chancen und Risiken, und
- Sie erstellen in einigen dieser Fälle einen Terminplan.

Am Ende lassen Sie alles Revue passieren und nehmen das, was gut gelaufen ist, in Ihren künftigen Erfahrungsschatz auf. Dabei lernen Sie auch aus Fehlern.

Schon im Alltag sind wir alle Projektmanager. Im privaten Bereich setzen wir dabei unsere Fähigkeiten – mehr oder weniger intuitiv – richtig ein und dort, wo wir an unsere fachlichen

Grenzen stoßen, wo es um große Tragweite und viel Geld geht, ziehen wir fachmännische Hilfe hinzu. Für den Hausbau werden wir fast ausnahmslos einen Architekten engagieren.
Ich möchte Sie auf der einen Seite ermuntern, diese intuitiven Fähigkeiten, mit Ihrer Kompetenz für Planung im Allgemeinen, für Zeitmanagement, für Teamführung etc., auf jeden Fall zu nutzen. Auf der anderen Seite muss man aber für den Beruf doch systematisch das erlernen, was man privat durchaus unbewusst beherrscht. Denn Projekte im betrieblichen Umfeld können eine Komplexität erreichen, die ohne System, ohne Tools, nicht mehr beherrschbar ist. Schließlich schaufeln Sie Ihren Swimmingpool auch nicht mit der Hand aus, nur weil Sie bereits einen Sandkasten ausgehoben haben. Bleiben wir beim Bild: Im Beispiel des Pools besorgen Sie sich einen Bagger, also ein größeres Werkzeug. Und wenn Sie damit dann selbst tätig werden wollten, müssten Sie lernen, den Bagger zu bedienen.
Bei Ihrer beruflichen Herausforderung zum Projektmanagement sind die Werkzeuge, die zum Erfolg führen, nicht so offensichtlich. Dieses Buch soll Ihnen zunächst helfen, die Strukturen Ihres Handelns zu erkennen, sie zu analysieren und umzusetzen, um Projekte erfolgreich zu managen bzw. erfolgreich darin mitzuarbeiten. Sie können lernen, auf einfache und einleuchtende Weise Ihre intuitiven Kenntnisse des Projektmanagements und Ihre allgemein vorhandene Methodenkompetenz auf die geschäftlichen Herausforderungen von Projekten zu transferieren, und Sie können sich mit den wichtigsten Werkzeugen vertraut machen.

Die Projektrealität steht im Vordergrund

Leserinnen und Leser, die Projekterfahrung haben, wissen, dass Projekte keinesfalls immer glatt verlaufen. Schwierigkeiten können bereits im Beginn stecken, weil Entscheidungen für Projekte vor allem in großen Unternehmen oder Institutionen durch ein Mehrheitsvotum zustande kommen und die Nicht-Befürworter vielleicht die Kooperation versagen.

Ist ein Projekt ins Laufen gekommen, unterliegt es vielfältigen Einflüssen, und es gibt entsprechend viele Problembereiche, wo es aus dem Ruder laufen kann. Einen Eindruck davon vermittelt die folgende, exemplarisch abgedruckte Untersuchung.

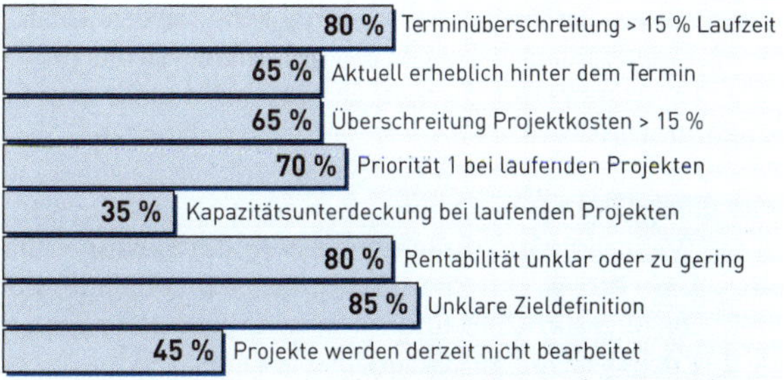

Ergebnisse aus einer Untersuchung von 380 Projekten (nach J. Platz, Projektmanagement für Ingenieure, 1998)

Die dahinter liegenden Gründe sind nach allen Erfahrungen in einem Mix aus sachlichen, organisatorischen und personellen Faktoren zu sehen, und genau hier liegt der Anspruch des vorliegenden Buches:

> Ich möchte Ihnen das Projektmanagement nicht à la Lehrbuch vorstellen, sondern Ihnen einen aus der Praxis für die Praxis geschriebenen Leitfaden an die Hand geben, der von der typischen Projektrealität ausgeht.

Dass man Methoden erlernen muss, sie aber nicht stur und unreflektiert einsetzen darf – und schon gar nicht Unrealistisches durch immer ausgefeiltere Methoden in den Griff nehmen kann –, kommt sehr schön in einer Anekdote zum Ausdruck. Sie tauchte vor Jahren im Internet auf. Dass sie mittlerweile auf mehreren Hundert Websites weitergegeben wird, zeigt, wie viele sich mit dem darin enthaltenen Körnchen Wahrheit identifizieren. In dieser Geschichte unbekannter Herkunft heißt es, dass eine Weisheit der Dakota-Indianer sagt: „Wenn du entdeckst, dass du ein totes Pferd reitest, steig' ab." Im Berufsleben versuchen wir jedoch in einer solchen Situation oft andere Handlungsstrategien ... Wenn Sie neugierig sind, welche, schauen Sie in den Anhang dieses Buches, aber überlegen Sie sich zuvor, wie Sie mit einem Projekt umgehen würden, das sich nicht mehr zum Erfolg führen lässt.

Was dieses Buch leisten kann

Dieses Buch handelt natürlich davon, was Sie tun können, damit sich ein Projekt erst gar nicht „zu Tode reitet". Damit sind Anfänger angesprochen und Verantwortliche in Projekten, die ihre Arbeit weiter professionalisieren möchten.
Sie finden ein Methodenrepertoire vor, das Sie je nach Komplexität Ihres Projekts mehr oder weniger nutzen können.

- Bei jedem Projekt, auch bei sehr kleinen, sollten Sie der dargebotenen Systematik folgen.
- Welche Werkzeuge Sie dann auswählen und in der Praxis einsetzen, hängt vom jeweiligen Projekt ab. Es macht weder Sinn, bei kleinen Projekten große, umfangreiche Werkzeuge nutzen, noch umgekehrt große Projekte ohne Netzplantechnik und rechnergestützte Hilfsmittel abwickeln zu wollen.

Im gegebenen Umfang bietet dieses Buch eine Einführung, die aber doch mit dem Anspruch verbunden ist, alle wesentlichen Aspekte anzusprechen - nicht nur die Planung und die Organisation, sondern auch den Menschen im Projekt und das Team.

1 Die grundsätzlichen Begrifflichkeiten

Was eine normale Betriebstätigkeit vom Projekt unterscheidet und was Projektmanagement ausmacht

Wann spricht man von einem Projekt?

Um den Begriff Projekt zu verdeutlichen, sollte man diesen zuerst klar von anderen Geschäftsprozessen abgrenzen. In jedem Unternehmen bzw. jeder Institution, wozu auch Verwaltungen gerechnet werden, findet man unter dem Blickwinkel der betrieblichen Organisation folgende Aktivitäten:

- Regelprozesse sind alle laufenden Aufgaben und Tätigkeiten, die nicht den Anspruch der Einmaligkeit erheben und nicht an bestimmte Endtermine im Sinne der Projektterminologie gebunden sind.
- Linienmaßnahmen sind Aufgaben, die eindeutig einem Geschäftsbereich, einer Abteilung, einem Ressort zuordenbar sind. Für Linienmaßnahmen ist es nicht notwendig, eine eigene Organisation aufzubauen, weil Entscheidungen durch vorgegebene Hierarchien im Rahmen verfügbarer Jahresbudgets getroffen werden.
- Vorhaben sind Projekten schon sehr ähnlich. Wie diese tragen sie in der Regel das Merkmal Einmaligkeit und wollen klar umrissene Ziele erreichen. Vorhaben benötigen aber keine eigene Organisation und sind daher erst einmal Linientätigkeiten. Dennoch werden viele ressortübergreifende Vorhaben schon als Projekte bezeichnet.
- Projekte: Ob ein Vorhaben als Projekt durchgeführt werden soll, entscheidet sich erst nach Abwägung bestimmter Entscheidungskriterien, die mehrheitlich in hohem Maß erfüllt sein müssen.

Ein Vorhaben wird dann zu einem Projekt, wenn gilt:

- Das Vorhaben hat eine klare, ergebnisorientierte und messbare Zielvorgabe.
- Es ist zeitlich durch definierten Anfangs- und Endtermin begrenzt.
- In der Regel handelt es sich um ein einmaliges Auftreten in genau dieser Konstellation.
- Es gibt komplexe und ineinandergreifende Handlungsabläufe, die den Einsatz besonderer Methoden und Techniken erfordern.
- Es stehen begrenzte Ressourcen zur Verfügung, und es gibt eine definierte Kapazität.
- Eine inhaltliche Abgrenzung ist gegeben, und das Vorhaben ist interdisziplinär/fachübergreifend.
- Unter Umständen zeichnet sich das Vorhaben durch eine hohe geschäftspolitische Wertung aus.
- Oftmals ist das Vorhaben risikobehaftet.
- Eine eigene Organisationsform ist erforderlich.

(Elemente, die ein Projekt nach DIN 69901 auszeichnen)

Vergegenwärtigen Sie sich diese Elemente an den in der Einleitung erwähnten Alltagsbeispielen – das Beispiel Urlaubsplanung illustriert dies sehr schön (der Zweck eines Urlaubs ist meist klar, es gibt die zeitliche Fixierung, man hat ein Urlaubsbudget, man versichert sich gegen Risiken etc.).
In Betrieb und Institution findet man oft folgende Beispiele für typische Projekte:

- Organisationsprojekte (wie Einführung einer neuen Vertriebsstruktur),
- Einarbeitungs-/Qualifizierungsprojekte für Mitarbeiter,
- Abwicklung von Kundenaufträgen,
- IT-Projekte, z. B. Einführung neuer Systeme.

Was ist Projektmanagement?

Projektmanagement ist ein Management, und für diesen Begriff existieren bekanntlich unterschiedlichste Definitionen. Grundsätzlich wird zwischen der Personengruppe des Managements und dem Management als Funktion unterschieden.

- Funktionenseitig ist Management ein eindeutig identifizierbarer Prozess, bestehend aus den Phasen Planung, Organisation, Durchführung, Kontrolle, der über den Einsatz von Menschen zur Formulierung und Erreichung von Zielen führt.
- Dies stellt sich dar als die Leitung soziotechnischer Systeme in personen- und sachbezogener Hinsicht mithilfe von professionellen Methoden.
- In der sachbezogenen Dimension geht es um die Bewältigung der Aufgaben, die sich aus den obersten Zielen des Systems ableiten, in der personenbezogenen Dimension um den richtigen Umgang mit allen Menschen, auf deren Kooperation das Management zur Aufgabenerfüllung angewiesen ist.

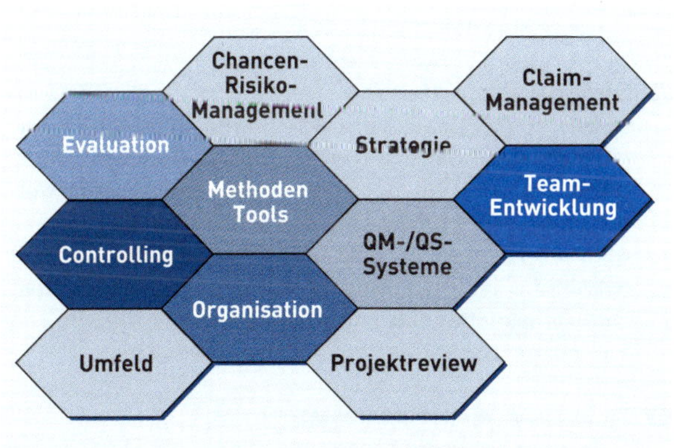

Facetten des Projektmanagements

Projektmanagement stellt sich als ebenso vielschichtige Aufgabe dar, zum einen als Leitung und zum anderen als Prozessgestaltung, beides unter den besonderen Bedingungen eines Projekts.

Sichtweisen des Projektmanagements

Zu den besonderen Bedingungen eines Projekts gehört das Spannungsfeld, das sich aus den drei verschiedenen Perspektiven ergibt, die zu einem in ein Unternehmen integrierten Projekt grundsätzlich betrachtet werden können.

❶ **Sicht von Unternehmen und Unternehmensleitung**
Für sie ist ein Projekt nur eine Aufgabe unter vielen, die sich hinsichtlich der Komplexität der Anforderung, der Koordination des Vorhabens und der Steuerung von Aufgaben und Ressourcen anderer Projektobjekte unterscheidet. Im Projektportfolio, also der Gesamtmenge aller Projekte, sind jene Projekte zu priorisieren, die entweder besonders zeitkritisch (operativ dringlich) sind, den größten unternehmerischen Erfolg versprechen oder die strategisch besonders hoch bewertet werden.

❷ **Sicht der Projektleitung**
Für sie hat das aktuelle Projekt Priorität, denn der Projektleiter erhält eindeutige Termine, innerhalb derer der Projektauftrag zu erfüllen ist. Er ist also daran interessiert, möglichst solche Mitarbeiter einzusetzen, die den Skill optimal erfüllen, sich ihrer Verantwortung im Projekt bewusst sind und ihre Aufgaben hoch motiviert angehen. Der Projektleiter hat natürlich auch ein Interesse an kurzen und transparenten Entscheidungswegen.

❸ **Sicht der Projektmitarbeiter**
Für sie stellt sich die Mitarbeit in einem Projekt nicht nur als persönliche Chance dar. Sie sind oft nicht für ein Pro-

jekt freigestellt, sondern tragen zusätzlich die Basislast ihrer Arbeit im regulären Geschäftsprozess. Sie reiben sich oft im Spannungsfeld zwischen aktueller und dringender Projektarbeit und längerfristigen Aufgaben auf. Ferner kann ein Mitarbeiter, der einem Projekt zugeordnet wird, vielfach sein persönliches Risiko, also die Tragweite für sein persönliches Fortkommen im Unternehmen, nicht oder nur sehr schwer beurteilen.

Projektspezifische Managementmethoden

Um Projektmanagement effizient zu betreiben und den Erfolg zu sichern, sollten im Vorfeld die Erwartungen dieser drei Spannungsfelder definiert und – so weit wie möglich – harmonisiert werden.

Unterschiedliche Anforderungen und Erwartungen, die nicht formuliert und diskutiert werden, bergen Sprengstoff im Projekt. Nur wenn jeder den Standpunkt des anderen kennt und versteht, wenn kontinuierlich ein Interessenabgleich erfolgt, können Konflikte im Projekt vermieden oder dauerhaft gelöst werden. Dazu wurde von Wissenschaftlern und Institutionen, die sich mit der Ausbildung von Führungskräften befassen, eine Reihe von Managementmethoden entwickelt. Halten wir daraus fest, dass Projektmanagement Folgendes voraussetzt:

- eindeutige Zielformulierungen,
- phasenweise Planung, Organisation, Durchführung und Kontrolle von Aufgaben, die zur Erreichung dieser (Teil-) Ziele führen,
- Mitarbeitermotivation und -führung,
- Planung und Kontrolle von Ressourcen, Kapazitäten und Budgets,
- Steuerungsinstrumente für einen iterativen Prozess ständiger Soll-Ist-Analyse mit dem Ziel, frühestmöglich Risiken zu erkennen, deren Auswirkungen auf den Projektablauf qualifiziert zu beurteilen und Alternativszenarien entwickeln zu können.

2 Projektvorbereitung

Von der Idee über das Kick-off bis zum Projektplan

Der Prozess der Projektvorbereitung beginnt mit der Projektidee und endet mit dem schriftlich fixierten Projektauftrag, der einen konkreten Projektplan beinhaltet. In vielen Projekten wird diesem Prozess zu wenig Beachtung geschenkt, ja er wird sogar oft als unnötiger und bürokratischer Hemmschuh betrachtet. Wir werden im weiteren Verlauf jedoch erkennen, dass gerade die Betonung dieser frühen Projektphase Irritationen vermeiden kann.
Eine alte Projektregel lautet: „Wie ein Projekt beginnt, so endet es auch."

Die Projektidee

Eine Projektidee kann der konkrete Umsetzungswunsch eines Auftraggebers sein oder durch Problemzwänge (z. B. durch veraltete Vertriebsstrukturen, ein schlecht genutztes Potenzial) entstehen.
Eine Projektidee setzt oftmals das Bewusstsein voraus, dass sich bei weiter bestehendem Status quo die Dinge verschlechtern werden. Die Idee zu einem Projekt ist immer erst einmal die Idee zu einem bestimmten Vorhaben. Meist weist bereits die Frage nach der Ursache eines Zustandes auf Lösungsmöglichkeiten hin.

- Realistische Darstellung der derzeitigen Situation
- Warum wird derzeit so und nicht anders gearbeitet?
- Wie effizient ist die derzeitige Situation?
- Wo sind Vorteile und Defizite erkennbar?
- Wie wirken sich diese Defizite auf Projektdurchführung und Mitarbeitermotivation aus?
- Gibt es Verantwortliche für die derzeitige Arbeitsweise?

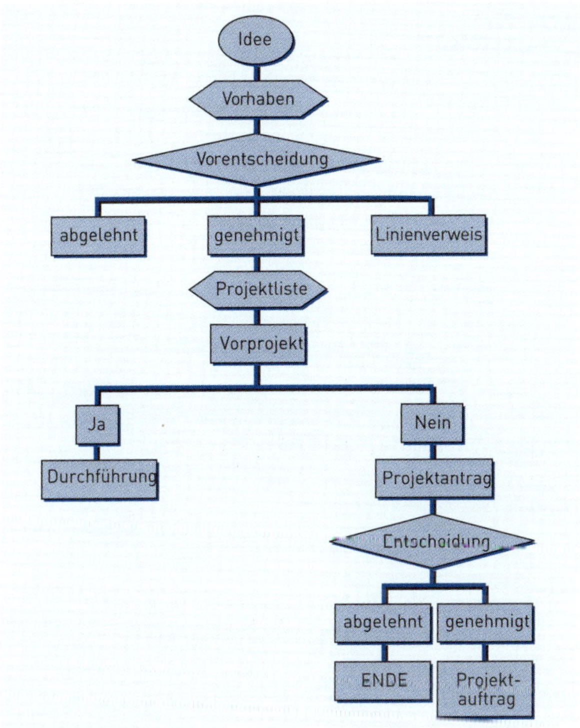

Projektvorbereitung

- Wie wird sich die Situation entwickeln, wenn nichts verändert wird?
- Welche Gefahren sind erkennbar, wenn der Status quo nicht verändert wird?
- Welche Nachteile ergeben sich daraus für das Unternehmen und die Mitarbeiter?

Ob daraus ein Projekt entsteht, entscheidet sich erst zu einem späteren Zeitpunkt.

Wenn das Vorhaben

- aufgrund der – aus der Idee resultierenden – Aufgabenstellung nicht mehr allein durch die Linienorganisation im Rahmen der bestehenden Regelaufgaben als zusätzlich neu anfallende Aufgabe erledigt werden kann und
- es darüber hinaus so komplex erscheint, dass es die Mitarbeit anderer Geschäftseinheiten, Fachabteilungen und/oder externer Mitarbeiter erfordert,

spricht man von einem Projekt.

> Für ein Projekt muss zur Realisierung eine eigene Organisation etabliert werden, die für eine bestimmte Zeit, die Projektlaufzeit, die Zusammenarbeit regelt.

Von der Projektidee bis hin zum konkreten Projektauftrag ist ein weiter Weg. Je akribischer Sie diesen Weg planen, umso erfolgreicher verspricht Ihr Projekt zu werden.

Checkliste Projektidee

- ☐ Durch wen wurde das Vorhaben initiiert?
- ☐ Beschreibung der Idee.
- ☐ Welche Unternehmensbereiche betrifft das Projekt?
- ☐ Wie soll mit der Idee umgegangen werden?

Die Entscheidung zur Durchführung eines Projektes

Nach der Vorstellung der Projektidee wird eine Entscheidung über die Durchführbarkeit und den Durchführungswillen getroffen werden müssen.
Dazu ist es notwendig, eine Zielvorstellung zu umreißen und das Vorhaben vor den entsprechenden Entscheidern, im Unternehmen, der Institution oder beim Kunden, zu präsentieren. In dieser ersten Runde wird beurteilt, ob das Vorhaben realistisch ist und nicht mit bereits vorhandenen Maßnahmen konkurriert. Wichtig ist, redundante Vorhaben und daraus re-

sultierende Fehlinvestitionen zu vermeiden. Die Vorentscheidung führt dazu,

- das Projekt entweder abzulehnen bzw. zu verschieben,
- das Vorhaben innerhalb der Linienorganisation durchzuführen oder
- als Projekt zu genehmigen.

Wird aus der Projektidee nun ein konkretes Projekt, erhält es eine eindeutige Kennzeichnung, einen Namen, evtl. eine Projektnummer, und der Projektleiter wird bestimmt.
Vom Selbstverständnis des Projektgedankens her gibt es innerhalb eines Projekts immer einen Auftraggeber (das ist z. B. der Kunde oder, bei internen Projekten, der Leiter einer Linieneinheit) und einen Auftragnehmer (nämlich den Projektleiter). Dazu kommen je nach Ausgestaltung weitere Gremien.

Der Auftraggeber

Er ist derjenige, der die Entscheidung über die Aufnahme und den Abbruch eines Projektes trifft. Er ist auch derjenige, der in letzter Instanz die Kostenverantwortung trägt.

Der Lenkungsausschuss

In größeren Projekten ist es sinnvoll, einen Ausschuss als übergeordnetes Entscheidungsgremium für alle fachlichen und projektplanerischen Fragen zu etablieren. Aufgabe des Lenkungsausschusses ist es darüber hinaus,

- den Projektleiter zu ernennen,
- Planung und Budget des Projektes zu genehmigen,
- externe Berater in Verbindung mit dem Auftraggeber und dem Projektleiter hinzuzuziehen,
- als Schlichtungs- und Entscheidungsgremium für die Fälle zu fungieren, in denen die Kompetenz des Projektleiters überschritten wird.

Der Lenkungsausschuss besteht in der Regel aus den direkt vom Projekt betroffenen Ressort-, Fachbereichs- und Projektleitern.

Der Fachausschuss

Im Gegensatz zum Lenkungsausschuss hat dieser keine Entscheidungskompetenzen. Aufgabe eines Fachausschusses ist es, beratend und unterstützend zu wirken. Da er - vom Lenkungsausschuss - meist aus Führungskräften der Fachabteilungen besetzt wird, sorgt er auch für einen permanenten Informationsfluss zwischen dem Projekt und den Fachabteilungen und initiiert Interaktionen, die für beide Bereiche (Fachabteilungen und Projekt) profitabel sind.

Aufgabe des Projektleiters

Wesentliche Aufgabe des Projektleiters ist es,

- das Ziel zu erreichen und
- möglichst frühzeitig auf Risiken aufmerksam zu machen, die das Erreichen des Ziels gefährden.

Aufgabe des Projektleiters ist es - in den meisten Fällen - nicht, den Nutzen des Projektes zu verantworten. Die Unternehmensleitung oder der Auftraggeber wird das Projektvorhaben nach den Gesichtspunkten Nutzen und Aufwand beurteilen und somit die Entscheidung treffen, ob das Projekt durch- bzw. weitergeführt wird oder nicht.

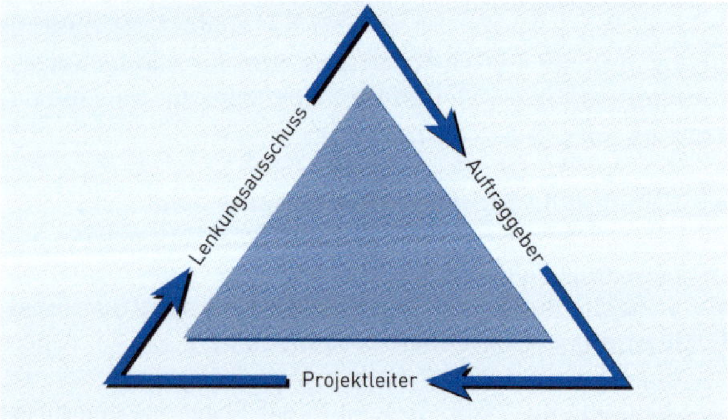

Das Spannungsdreieck zwischen Auftraggeber, Lenkungsausschuss und Projektleiter

Nicht nur in großen Projekten ist es sinnvoll, ein Vorprojekt in Form einer Studie zu planen.

> Das Vorprojekt versucht alle Voraussetzungen zum erfolgreichen Start des Projektes zu schaffen.

Denn bereits in der Planungsphase eines Projektes werden Ressourcen benötigt und es müssen beispielsweise organisatorische, technische und evtl. rechtliche Voraussetzungen geschaffen werden.
Es empfiehlt sich, das Vorprojekt in Form einer Offene-Punkte-Liste zu führen. Für das Vorprojekt gelten alle formalen Kriterien eines Projektes, daher soll in diesem Buch nicht explizit darauf eingegangen werden. Ziel des Vorprojektes ist es, einen genau spezifizierten Projektantrag zu stellen.

Das Ziel ist der Weg

Warum ist es so wichtig, im Vorfeld möglichst genaue Ziele zu formulieren?

- Weil unterschiedliche Erwartungshaltungen frühzeitig erkenn- und korrigierbar werden.
- Weil die saubere Zielformulierung ergebnisorientiertes Handeln fördert.
- Weil ein Gradmesser benötigt wird, an dem der Projekterfolg quantitativ und qualitativ messbar wird.
- Weil erst eine genaue Zieldefinition die Möglichkeit eröffnet, den Projektverlauf zu planen und zu begründen.
- Weil die Auswirkungen von Änderungen im Projektablauf durch das messbare Ziel überhaupt erst qualifiziert beurteilt werden können.

Die Abbildung auf der folgenden Seite zeigt, welche Störfaktoren in der Praxis wirken und dass unklare Ziele zwar am Ende der Skala stehen, aber doch noch einen erheblichen Störungsanteil ausmachen. Wie formuliert man also Projektziele im Detail aus, und wie stellt man Kriterien auf, anhand derer ein Ziel messbar wird?

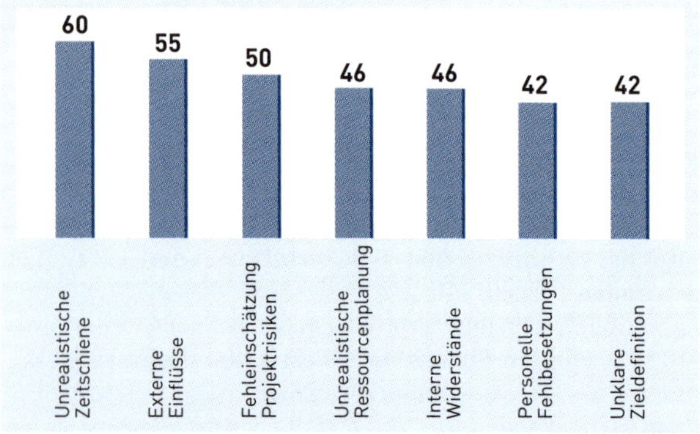

Störfaktoren bei der Realisierung von Projekten

Ein Projektziel nimmt letztendlich das zu erreichende Endergebnis vorweg und die Fragen lauten dann:

- Was möchte ich erreichen?
- Wie kann ich es erreichen?
- Wie messe ich das Erreichte?

Projektleiter sollten sich darüber im Klaren sein, dass sie beim Scheitern des Projektes der Sündenbock sind.

Ob ein Projekt als gescheitert gilt, kann nur dann in einer subjektiven Beurteilung stecken bleiben, wenn die Beteiligten keine hinreichend genaue Vorstellung vom Projektziel hatten oder wenn jeder etwas Anderes darunter verstand.

Ziele sind keinesfalls Wunschvorstellungen, sondern sie müssen an harte, kommunizierbare Fakten gebunden sein.

Welches Ziel möchte ich erreichen?

Ziele formuliert man am besten, indem man einfach die Situation beschreibt, die man anstrebt – und zwar nicht hochgestochen, sondern mit gesundem Menschenverstand.

Im theoretisch günstigsten Fall beschreiben die Ziele das vorweggenommene Ergebnis.

Der Weg, wie Sie dieses Ziel erreichen, bleibt an dieser Stelle vollkommen offen.

Eine Zielformulierung hat lösungsneutral zu sein.

Natürlich wird Ihre Zielformulierung davon abhängen, was überhaupt erreichbar ist. Hier spielen Budget, Ziele anderer Beteiligter und verfügbare Zeit eine Rolle. Man muss unterscheiden zwischen operationalen und erreichbaren Zielen.

Anspruchsniveau

Niedrig gesteckte Ziele sind einfacher zu erreichen, das klingt trivial, heißt aber letztendlich: „Je niedriger die gesteckten Ziele, desto sicherer der (persönliche) Projekterfolg." Es heißt aber auch (persönlicher) Misserfolg, wenn ein Ziel nicht erreicht wird. Der Schluss, Projektziele eher niedrig zu stecken, ist zwar oft für die (persönliche) Entwicklung sinnvoll, hemmt aber jede Innovation. Zu hoch angesetzte Ziele hingegen implizieren immer den Makel des Unerreichbaren und führen meist dazu, dass im Laufe eines Projekts das Zielfeld immer größer gesteckt wird, die Ziele immer weiter nach unten korrigiert werden müssen. Die Folge ist, dass sich die Projektmitarbeiter innerlich aus dem Projekt verabschieden, Frust aufbauen und die Projektleitung in Frage stellen.
Welchen Ausweg gibt es aus diesem Dilemma? Lassen Sie als Projektleiter bei der Zieldefinition keine „One-Man-Show" zu, akzeptieren Sie nicht vom Auftraggeber vorgegebene Ziele widerspruchslos, denn auch hier spielen persönliche Karrierepläne und Motivationen eine nicht unerhebliche Rolle. Wichtig ist: Das mit dem Projekt beauftragte Team muss die Ziele akzeptieren.
Lassen Sie daher bei der Zielformulierung Kreativität und Querdenkertum zu. Gerade bei Innovationsprojekten sind diese Fähigkeiten gewünscht und sollten gefördert werden.

Auf die Gefahr hin, mir selbst zu widersprechen: In innovativen Projekten ist es manchmal gar nicht möglich, das Ziel exakt zu definieren. Denken Sie gerade an die Entwicklung neuer Produkte, wo es sich manchmal erst im Projektverlauf entscheidet, welche Lösungsvariante letztendlich favorisiert wird. Unklarheit über das Ziel kann in manchen Fällen notwendig sein. Dann wird es besonders wichtig, Teilziele zu formulieren und diese Teilziele mit Kriterien zu versehen, die beschreiben, wann, wie und unter welchen Voraussetzungen nach Erreichen des Teilziels das Projekt fortgeführt wird und unter welchen Voraussetzungen der Projektabbruch erfolgt. Man nennt dies die Methode der kontrollierten Zielungenauigkeit. Sie impliziert, dass ein hohes Maß an Flexibilität gefordert ist, sie impliziert aber auch genaueste Kontrollmechanismen und permanenten Informationsfluss.

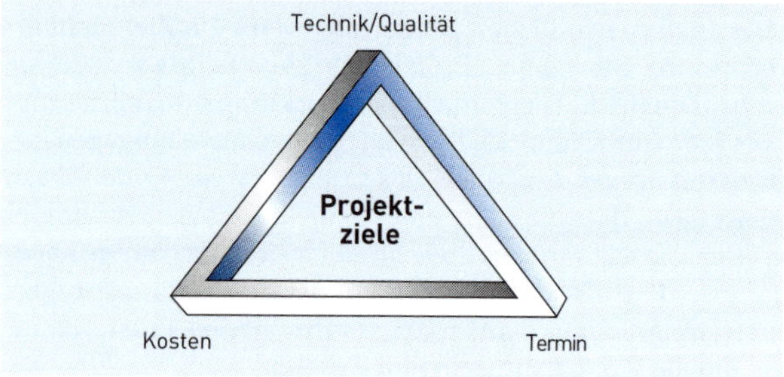

Projektziele orientieren sich an Ergebnissen – das magische Dreieck

Ziele müssen gleichermaßen realistisch erreichbar und für alle Beteiligten jederzeit nachvollziehbar sein.

Um Missverständnissen vorzubeugen, bemühen Sie sich deshalb, Ziele und Teilziele vollständig zu beschreiben und in jedem Falle zu dokumentieren.

Lassen Sie sich das Projektziel schriftlich bestätigen!

Wie erreiche ich das Ziel?

Projekte finden nicht im freien Raum statt. Menschen, Institutionen, Vorschriften beeinflussen das Ziel. Projekte sind oft interdisziplinär und zwingen unterschiedliche Abteilungen und Menschen mit unterschiedlichen Anschauungen dazu, im Team zusammenzuarbeiten. Birgt bereits eine ungenaue Zielformulierung ein enormes Konfliktpotenzial, potenziert sich dieses, sofern keine Klarheit über den Weg zum Ziel herrscht.

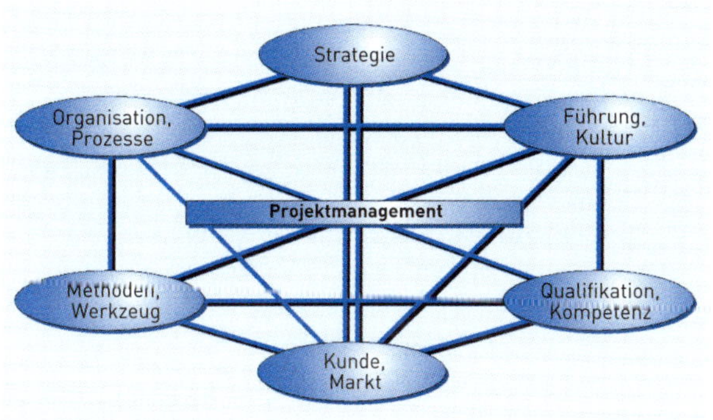

Projektmanagement und seine zahlreichen Ebenen

- Die Interaktionen mit der Umgebung bestimmen maßgeblich den Projektverlauf.
- Um mit dieser Umgebung – also dem Projektumfeld – taktisch günstig umgehen zu können, sollte man sie genauestens kennen und Aktionen an dieser Kenntnis orientieren.

Auch Umweltelemente verfolgen bestimmte Ziele, die sich nicht naturgemäß mit denen des Projektes decken müssen.

Die Vereinbarkeit der projektspezifischen Ziele mit den Umweltzielen erleichtert die Projektplanung und den Projektfortschritt. Gegensätzliche Ziele können das Projekt behindern.

Dies ist einer der wesentlichen Gründe, warum die an einem Projekt beteiligten Personen bestimmte Qualifikationen erfüllen müssen - neben der fachlichen Kompetenz ist wie bei Führungskräften allgemein hohe soziale Kompetenz gefordert.

Typisches Anforderungsprofil

... für Projektleiter/-innen bzw. für verantwortliche Projektmitarbeiter/-innen

- Kenntnisse und Fertigkeiten:
  - Fachliche und inhaltliche Kompetenzen im Hinblick auf die Projektaufgabe
  - Technische und/oder betriebswirtschaftliche Qualifikationen
  - Methodische Fähigkeiten - nicht nur im Bereich Projektorganisation und Führung, sondern auch DV-technisch, insbesondere im Umgang mit Projektmanagement-Software
- Unternehmerisches Denken und Handeln
- Fähigkeiten zur Führung von Teams (Verhalten, Kommunikation)
- Erfahrung in der Analyse und Behandlung komplexer Situationen, Prozesse und Krisen
  - Taktisches und strategisches Handeln
  - Kompetenz in der Gestaltung von Prozessen
  - Interventionskompetenz

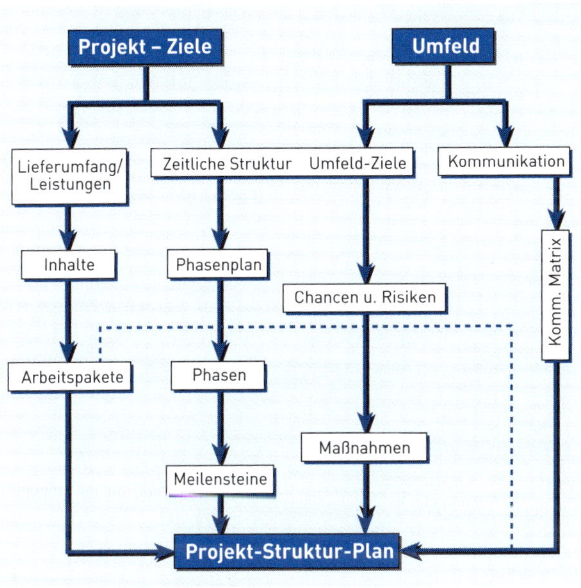

Vom Projektziel zum Projektstrukturplan

Das Zusammenwirken von Projektzielen und Umweltzielen wird in dieser Abbildung veranschaulicht, die zugleich schon zeigt, woraus sich der Projektstrukturplan formt, der später im Details behandelt wird.

Was Projekte zum Scheitern bringt

Ich darf es an dieser Stelle etwas ironisch formulieren: Es gibt zwei todsichere Methoden, ein Projekt zum Absturz zu bringen: 1. Man gibt unklare Ziele vor und ändert diese innerhalb des Projektes ständig, oder 2. die Unternehmensleitung tauscht den Projektleiter mehrfach aus. Als „Erfolg" stellt sich, das ist ein Erfahrungswert, eine permanente Verunsicherung aller Beteiligten ein, die zur Demotivation führt.

Wie messe ich das Erreichen des Projektziels?

Ein Projektziel exakt zu definieren, ist eine schwierige Aufgabe - erst recht, wenn sie den professionellen Anspruch erfüllt, dass das Erreichen des Ziels messbar ist. Diese Definition gelingt am besten durch eine gute Projektplanung, die schon den Weg weist, wie die Projektziele realistisch erreicht werden können. Dabei richtet sich das Augenmerk darauf, dass die Ziele

- in der geforderten Qualität,
- in der definierten Zeit und
- unter dem wirtschaftlichsten Mitteleinsatz (intern/extern)

erreicht werden. Dies wird in der folgenden Checkliste näher aufgefächert.

Checkliste Projektziel

- ☐ Herrscht Einigkeit zwischen Projektleiter und internem/externem Auftraggeber in Bezug auf das Projektziel?
- ☐ Ist das Projektziel hinreichend genau und allgemein verständlich formuliert – so, als wäre das Ziel bereits erreicht?
- ☐ Ist das Projektziel realistisch und erreichbar?
- ☐ Ist das Projektziel vollständig, eindeutig und widerspruchsfrei definiert?
- ☐ Sind bei kontrollierter Zielunklarheit Teilziele mit Kriterien für den Projektabbruch festgelegt?
- ☐ Bis wann soll das Projekt-(Teil-)Ziel erreicht werden?
- ☐ Gibt es Pufferzeiten?
- ☐ Mit welchem Aufwand soll das Ziel erreicht werden?
- ☐ Ist das Erreichen des Projektziels messbar?
- ☐ Wie soll das Projektziel bzw. die Teilziele gemessen werden?
- ☐ Sind bereits in der Vorphase Abbruchkriterien für das Gesamtprojekt erkennbar?

So vermeiden Sie typische Fehler beim Projektstart

- Der Projektleiter und die Projektbeteiligten dürfen nicht zu spät benannt, informiert und eingewiesen werden.
- Zeitdruck und fehlende Ressourcen dürfen nicht zu ungenügender Vorbereitung und Planung führen. Auch die Vorbereitungsphase erfordert bereits Budget.
- Projektziele müssen klar und realistisch sein und auch kommuniziert werden.
- Chancen und Risiken des Projekts müssen untersucht werden und bekannt sein.
- Die Verantwortung und die einzelnen Kompetenzen sind klar zu regeln.
- Aufgabenteilung und Regeln zur Kommunikation zwischen den Projektbeteiligten sind ausdrücklich definiert.
- Alle Beteiligen sind ausreichend zu Projektmanagement-Methoden qualifiziert und sie wenden diese auch an.
- Konflikte zwischen Projekt- und Linienmanagement werden bearbeitet und gelöst.

Der Projekt-Phasen-Plan

Der Ablauf eines Projektes kann grundsätzlich in drei Phasen unterteilt werden:

- Projektinitiierung
- Projektdurchführung
- Projektabschluss

Die Projektinitiierungsphase

Diese Phase führt von der ersten Idee eines Vorhabens bis zum Meilenstein „Freigabe des Projektes durch das Entscheidungsgremium“. Schon in dieser Phase werden die wichtigsten Schritte beschrieben, die zum Erreichen des Projektziels notwendig sind.

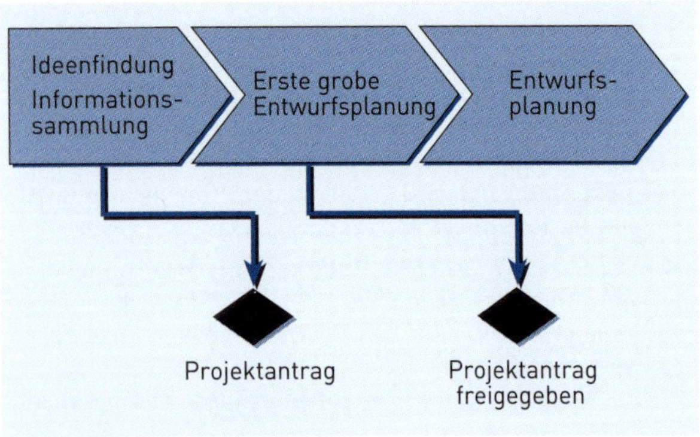

Von der Projektidee zum Projektauftrag

Die Projektdurchführung

In dieser Phase wird der eigentliche Ablaufplan, bestehend aus Teilprojekten, Sammelvorgängen und Arbeitspaketen (Aktivitäten, Tasks, Gewerke), geplant. Jede Phase, jedes Teilprojekt und jede Reihe voneinander abhängiger Arbeitspakete wird durch einen Meilenstein beendet.

Wir werden die Begriffe und Vorgehensweisen im Abschnitt zur Terminplanung genauer untersuchen.

Es ist nicht selbstverständlich, dass in einem Projekt auf jeden Fall ein Ablaufplan erstellt wird. Besonders in komplexen Projekten wird immer stärker vom Auftraggeber die Erstellung eines Projekt- und Terminplans gefordert. Aus dem Blickwinkel eines Erfolg versprechenden Projektmanagements gilt aber auch davon unabhängig:

> Der Projektplan ist das wichtigste Hilfsmittel eines Projekt- oder Teilprojektleiters, um sich einen Überblick über notwendige Aktivitäten, Mitarbeiterverfügbarkeit, Kosten und wichtige einzuhaltende Termine zu verschaffen.

In vielen Unternehmen ist der Projektplan deshalb zwingend vorgeschrieben.

Je mehr Gehirnarbeit in einem Projektplan steckt, umso mehr wird sich dieser zu einem Instrument im Projekt entwickeln, mit dessen Hilfe das Team nicht nur auf Änderungen im Projektablauf reagieren kann, sondern auch durch Was-wäre-wenn?-Analysen vorherzusehen vermag, wo sich Probleme auftun könnten. Oft wird gerade in der Projektstartphase die Bedeutung des Projektplans verkannt. Das führt zwangsläufig in der Realisierungsphase zu hektischer Aktivität aufgrund mangelnder Informationen und Absprachen. Projektleiter erwecken dann sehr schnell den Anschein, das Projekt nicht mehr im Griff zu haben.

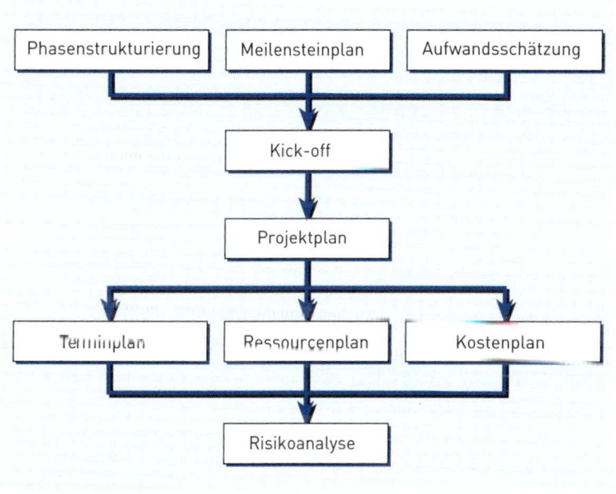

Planungsschema

Die Betonung der frühen Projektphasen sorgt dafür, dass sich im weiteren Verlauf – gerade in heißen Projektphasen – der administrative und planerische Arbeitsaufwand reduzieren lässt.

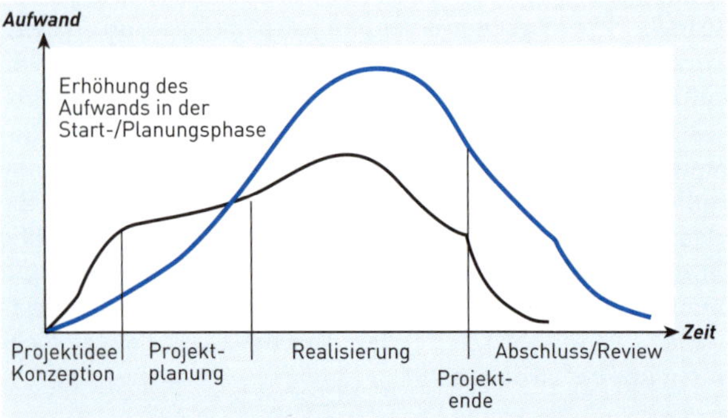

Die Erhöhung des Arbeitsaufwands in der Startphase reduziert den Aufwand in der heißen Phase

Bedenken Sie: Planungsbewusstsein ist meistens nicht einfach vorhanden, sondern muss geschärft werden. Und rechnen Sie damit, dass manche Projekte dadurch gekennzeichnet sind, dass sie kein Ende finden. Wird das zu spät erkannt, ist nichts mehr zu retten und es kommt zum Projektabbruch.

Der Projektabschluss

Der geordnete Abschluss ist für jedes Projekt mindestens genauso wichtig wie der Projektstart. Er ist vordefiniert durch die Zielsetzung des Projektes oder dessen eventuellen Abbruch. Der Projektabschluss

- dient zur Dokumentation des Geschehenen,
- entlastet das Projektteam und
- ist ein Erfahrungsbericht, auf dem Projektleiter nachfolgender Projekte aufbauen und aus dem dieser sowie sein Team lernen können.

Neben dem Abschlussbericht werden in einer Abschlussbesprechung die Ergebnisse des Projektes abgenommen, die Qualität des Endproduktes überprüft und das Projektteam formal aufgelöst. Die Verantwortung für das Erreichte geht auf den Auftraggeber über.

Der Projektantrag und der Projektauftrag

Die Vorbereitungen in der Initiierungsphase münden im Projektantrag. Die Grundlage für alle Aktivitäten innerhalb eines Projektplans nach Bewilligung des Antrags ist dann der (in aller Regel) schriftlich fixierte Projektauftrag. In ihm werden alle Rahmenbedingungen und Eckwerte des Projektes festgelegt. Bei Industrieprojekten ist es üblich, dass das Dokument mindestens vom internen/externen Auftraggeber sowie vom Projektleiter unterschrieben wird.

Checkliste für einen Projektantrag

- ☐ Name des Projektes?
- ☐ Ziel des Projektes eindeutig beschrieben?
- ☐ Teilziele fixiert?
- ☐ Projekt hinreichend genau begründet (auch zu Strategie und wirtschaftlicher Kosten-Nutzen-Analyse)?
- ☐ Auftraggeber genannt?
- ☐ Projektleiter ernannt?
- ☐ Mitglieder des Lenkungsausschusses bekannt?
- ☐ Mitglieder des Fachausschusses bekannt?
- ☐ Frühestmöglicher Projektstart festgelegt?
- ☐ Endtermin des Projektes bestimmt?
- ☐ Budget vorgezeichnet?
- ☐ Personalkosten spezifiziert?
- ☐ Sachmittelkosten zusammengestellt?
- ☐ Kosten für externe Berater in welcher Höhe notwendig?
- ☐ Verantwortlichkeiten abgegrenzt?
- ☐ Weisungsbefugnisse erteilt?
- ☐ Risikofaktoren und Abbruchkriterien in Szene gesetzt?
- ☐ Projekt-Phasen-Plan, Meilensteinplan und Kostenplan vorhanden?
- ☐ Projektorganisation geplant in Hinblick auf Mitarbeiterteam und benötigte Kapazitäten?

Die Kick-off-Phase

In der Kick-off-Phase nach der Projektfreigabe werden die Grundlagen für den Projektplan ausgearbeitet (vgl. Planungsschema auf S. 31). Die Phase startet in der Regel mit einer Kick-off-Sitzung (nicht zu verwechseln mit der Projektstartsitzung!). Die Kick-off-Sitzung findet auf Leitungsebene statt (Lenkungsausschuss, Projektleiter, ggf. Kernteam), die Projektstartsitzung auf Teamebene (Projektleiter und Mitarbeiter). Einzelheiten finden Sie auf der folgenden Magazinseite (S. 36/37).
Um den Projektantrag bis zum Projektplan weiter auszuarbeiten, müssen ein Projektstrukturplan und ein Projektablaufplan erstellt werden, die zusammen mit den zugehörigen Methoden im weiteren Verlauf dieses Kapitels behandelt werden. Die Detaillierung in die Feinplanung (mit Termin-, Ressourcen- und Kostenplan) wird dann in Kapitel 3 vorgestellt.

Empfehlenswert: Sitzungsformulare entwickeln
Es hat sich in der Praxis als sehr hilfreich erwiesen, alle Sitzungen mithilfe strukturierter Formulare zu steuern.

Checkliste Sitzungsformular

- ☐ Name des Projektes und Projektnummer
- ☐ Auftraggeber
- ☐ Nummer und Datum des Projektmeetings, evtl. zusätzlich Versionsnummer
- ☐ Datum, Uhrzeit, Ort
- ☐ Beteiligte und evtl. zusätzliche Ansprechpartner
- ☐ Ziel der Sitzung
- ☐ Was wurde bisher erreicht?
- ☐ Wo sind Chancen und Risiken im weiteren Verlauf?
- ☐ Aufgabenverteilung für anstehende Arbeitspakete
- ☐ Vor- oder Nachbereitung: Aufgabe, Verantwortlichkeit, Durchführende(r), Erledigungstermin

Früh anlegen: das Projektorganigramm

Schon zu Beginn des Projektes sollte eine Baumstruktur aufgestellt werden, in der alle wesentlichen Verantwortlichen und Mitarbeiter aufgelistet sind, damit jeder Beteiligte weiß, wo er sich einzuordnen hat. Die folgende Abbildung gibt ein Beispiel, wie dessen Struktur und berücksichtigte Detailangaben ans jeweilige Projekt angepasst werden sollen. Damit das Projektorganigramm seinen Zweck erfüllen kann, darf es natürlich nicht in der Schublade bleiben, sondern es muss verteilt bzw. zugänglich gemacht (ggf. ins Intranet stellen) und auch regelmäßig aktualisiert werden (feste Zuständigkeit dafür schaffen).

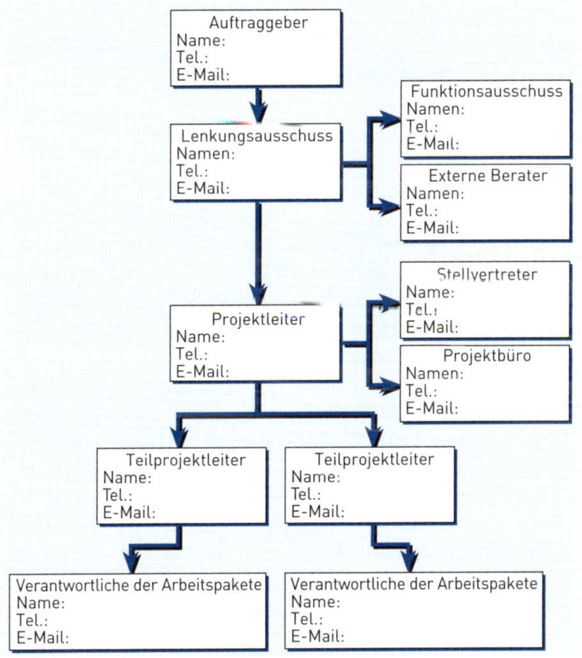

Erste Projektsitzungen

Auf Leitungsebene: die Kick-off-Sitzung

In der Kick-off-Sitzung trifft sich in der Regel der Lenkungsausschuss mit dem Projektleiter, ggf. dem Backoffice (Projektbüro) und den Mitgliedern des Kernteams. Ziel ist es, ein gemeinsames Verständnis für das Projekt zu erarbeiten. Hier werden

- die Kommunikationsstruktur und die Kommunikationsrituale festgelegt und
- erste Meilensteintermine mit dazugehörigen Abnahmedaten und -voraussetzungen fixiert.

Die Verantwortung für das Kick-off trägt der Auftraggeber, der zusammen mit dem Projektleiter die Sitzung leitet.

Wer sollte zusätzlich am Kick-off teilnehmen?

Das ist auch eine taktische Frage – Kandidat ist, wer ein Interesse an der erfolgreichen Durchführung des Projektes hat und Unterstützung bieten kann, aber auch, wer dem Projekt generell oder in Teilen Widerstand entgegensetzen könnte. Der Projektleiter ist gut beraten, diesen Personenkreis auszumachen und dessen Beweggründe zu analysieren. Er sollte sich fragen, wer hier zu Entscheidungen oder Problemlösungen beitragen kann.

„Beschleuniger“ und „Bremser“ müssen nicht zwangsläufig direkt vom Projekt betroffen sein. Sind sie es, sollte man sie zum Kick-off einladen, um von Anfang an Fronten zu klären und Professionalität und Durchsetzungskraft zu demonstrieren. Die Erfahrung zeigt, dass kaum ein Mitglied dieser Zielgruppe zum Kick-off erscheint. Den „Beschleunigern“ demonstriert eine Einladung aber die Wertschätzung des Projektleiters und seines Teams, den „Bremsern“ wird klar, dass sie namentlich identifiziert sind, was sie zu Vorsicht und Zurückhaltung veranlassen kann.

Auf Teamebene: die Projektstartsitzung

Die Prozesse, die innerhalb eines Projektes im Gesamten und des Projektteams im Speziellen ablaufen, hängen voneinander ab. Basis sind immer die Gegebenheiten – die Ziele des Projektes und des Umfeldes, in welchem die Projektarbeit stattfindet. Alle Prozesse, von der Zielklärung bis zum Kommunikationsplan, bauen auf diesen beiden Gegebenheiten – Ziele und Umfeld – auf.
Ein wichtiges Umfeld des Projektleiters ist sein Projektteam. Von der Motivation seiner Mitarbeiter/-innen, von deren Information und Kommunikationsfähigkeit hängt das Gelingen des Projektes ab. Das Team frühzeitig zu informieren, Spielregeln, Verhaltensweisen und Kompetenzen zu klären, Beziehungen und Abhängigkeiten herauszustellen, ist Ziel der Projektstartsitzung. Daher ist es von besonderer Bedeutung, die Startbedingungen eines Projektes so optimal wie möglich zu gestalten.
Zur Projektstartsitzung werden diejenigen Mitarbeiter/-innen geladen, die unmittelbar und maßgebend an der Durchführung beteiligt sind, also mindestens der Stellvertreter des Projektleiters, die Mitglieder des Kernteams, Teilprojektverantwortliche, Fachbereichsverantwortliche und das Projektbüro.
Die Verantwortung und Durchführung der Projektstartsitzung liegt beim Projektleiter.

Die Projektakte

In allen Projekten, insbesondere aber in validierungsfähigen Projekten, dient die Projektakte (Projektcharta) zur systematischen Dokumentation des gesamten Projektes. Es empfiehlt sich, auf Vollständigkeit und Aktualität der Projektakte besonderen Wert zu legen, denn sie kann später herangezogen werden, wenn wir aus dem Projektablauf für weitere – vielleicht ähnlich gelagerte – Projekte lernen wollen. Die Dokumentation des Kick-offs ist ebenso Bestandteil der Projektakte wie der Projektauftrag. Die Akte sollte bereits teilweise zum Kick-off vorliegen und an diesem Termin ergänzt werden. Gleiches gilt natürlich für alle weiteren Projektphasen und Sitzungen.

Checkliste Projektakte

Zur Projektakte gehören:

- ☐ Projektantrag
- ☐ Projektauftrag
- ☐ Projektorganigramm
- ☐ Verzeichnis der Projektmitarbeiter mit den Kontaktdaten (Telefon, Fax, E-Mail etc.)
- ☐ Liste der sonstigen Beteiligten (Fachausschuss, Lenkungsausschuss)
- ☐ Dokumentation Kick-off
- ☐ Festlegung periodisch wiederkehrender Meetings (Jours fixes)
- ☐ Festlegung der Kommunikationsbeziehungen: Wer informiert wen und wer berichtet wem?
- ☐ Welche externen Berater sind in das Projekt involviert?
- ☐ Festlegung der Kommunikationsmedien, z. B. auch Kommunikationsprogramme (wie z. B. E-Mail- und Datenaustauschprogramme)
- ☐ Festlegung evtl. benötigter Projektmanagement-Programme

- ☐ Festlegung der Kommunikationsrituale: Wo werden offene Punkte abgelegt? Gibt es ein zentrales Datenverzeichnis für das Projekt?
- ☐ weitere Spielregeln
- ☐ Projekt-Phasen-Plan
- ☐ Meilensteinplan
- ☐ Projektstrukturcode
- ☐ Planänderungen
- ☐ Statusberichte
- ☐ weitere Projektformulare mit Nutzungserklärung
- ☐ Sitzungsberichte
- ☐ Projektabschluss

Der erste Projektstrukturplan (Grobstruktur)

Das tägliche Werkzeug im Projektmanagement ist der Projektstrukturplan (PSP).

> Der Projektstrukturplan besteht aus Phasen, die durch Arbeitspakete und Meilensteine strukturiert werden.

Die zeitliche Struktur und die logisch-sequenzielle bzw. parallele Abfolge von Tätigkeiten innerhalb des Projektes ergeben sich aus ihrem logischen Zusammenhang sowie aus externen Einflüssen wie z. B. Lieferterminen oder Abgabedaten.

> An dieser Stelle beginnt ein iterativer Prozess, der aus der ständigen Anpassung der Ziele auf das sich ständig verändernde Umfeld resultiert.

Ein Projektstrukturplan ist also niemals statisch, er lebt und verändert sich.
Viele Rückschläge oder gar Misserfolge ergeben sich in Projekten aus der Nicht-Flexibilität der Projektverantwortlichen in Bezug auf den Projektstrukturplan.

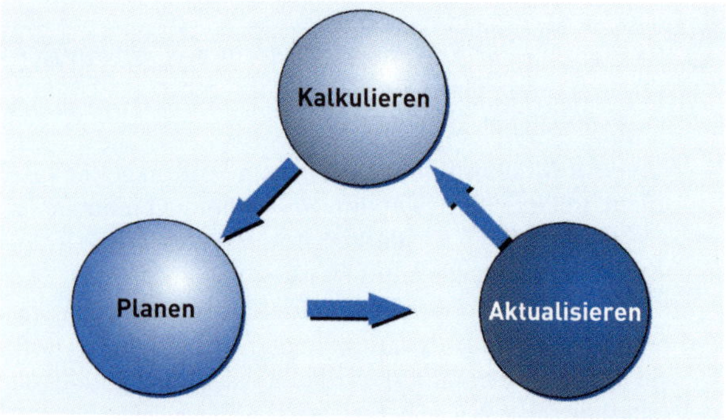

Iterativer Projektplanungsprozess

Der Projektstrukturplan enthält genaue Angaben über
- den Projektumfang,
- die Verfügbarkeit und Kapazitätsbelastung von Ressourcen sowie
- die terminliche Fixierung der Projektphasen und Einzelaktivitäten.

Er soll den geplanten Werdegang des Projekts ergebnisorientiert zeigen und den Fortschritt dokumentieren.

Es ist sinnvoll, das Projekt in erster Instanz in überschaubare Abschnitte (Phasen) zu strukturieren.

Meilensteine und Arbeitspakete

Meilensteine

Eine Phase sollte immer mit einem definierten Termin enden, zu welchem die Ergebnisse vorliegen müssen, die in der Zielvereinbarung vorgegeben wurden.
Diese Ergebnisse müssen an bestimmten Kriterien wie Termin, Qualität oder Kosten messbar sein, wobei sowohl Erfolg als auch Misserfolg quantitativ erfassbare Größen sind.

Im Terminplan werden diese Eckpunkte für Phasen- oder Zwischenergebnisse als Meilensteine besonders hervorgehoben. In der Regel unterscheidet man folgende Arten von Meilensteinen:

- Standard-Meilensteine werden vom Auftraggeber oder einem Entscheidungsgremium wie dem Lenkungsausschuss vereinbart. Es sind meist unternehmensweit vorgegebene Endpunkte eines Phasenkonzepts.
- Projektspezifische Meilensteine definieren Eck- oder Haltepunkte innerhalb des konkreten Projektes wie das Ende von Prozessreihen innerhalb der Phasen, vertragliche Bedingungen, die bis zu einem bestimmten Termin erfüllt sein müssen, zahlungsauslösende Fertigstellungsgrade. Sie werden vom Projekt- oder Teilprojektleiter gesetzt.

Beispiel: DV-Projekte

DV-Projekte vollziehen sich in der Regel in folgenden Phasen:

- Anforderungsanalyse
- Lösungsdefinition
- Design
- Realisierung und Test
- Übergabe

Diese Phasen können als Meilensteine definiert werden.

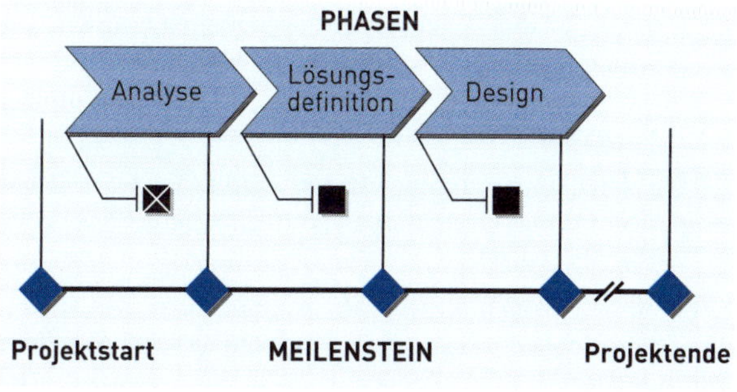

Phasen eines DV-Projekts als Meilensteine

Arbeitspakete

Jede mit einem Meilenstein endende Prozessreihe oder das mit einem Meilenstein fixierte Teilziel gliedert sich in Arbeitspakete. Für Arbeitspakete gilt:

1. Arbeitspakete, auch Tasks, Vorgänge, Aktivitäten oder Gewerke genannt, sind spezifische Aufgaben mit definiertem Anfang und Ende. Die Anfangs- und Endtermine ergeben sich entweder durch eine Termineinschränkung wie „Muss enden am ...", „Anfang nicht früher als ...", „Ende nicht später als ..." etc. oder durch die Abhängigkeit von einem vorangegangenen Arbeitspaket (z. B. Beginn nach dem Ende des Vorgängers, Beginn nach prozentualer Fertigstellung x des vorangegangenen Arbeitspaketes, Ende x Zeiteinheiten nach Ende des Vorgängers).
2. Arbeitspakete stellen Aufgaben dar, die durch den Einsatz bestimmer Ressourcen zu lösen sind. Diese Ressourcen können verbindlich einer konkreten Kostenstelle zugeordnet werden.
3. Arbeitspakete verursachen Kosten, denn Ressourcen erbringen über die Dauer des Arbeitspaketes Leistung.

Bei der Planung von Arbeitspaketen gibt es den grundsätzlichen Unterschied zwischen

- Humanressourcen, die in der zur Verfügung stehenden Dauer des Arbeitspaketes mit der Kapazität x eine Arbeit erbringen und somit Kosten verursachen, und
- Maschinen-/Materialressourcen, die Anschaffungs-, Wartungs- und Verfügungskosten verursachen.

Werden die vereinbarten Phasen- oder Teilziele zum Meilensteintermin erreicht, so beginnt eine neue Phase bzw. ein neues Teilziel.

Ist bereits vor Erreichen des Meilensteintermins zu erkennen, dass Ziele nicht oder nur teilweise erreicht werden, so sollten interne/externe Auftraggeber über den Erreichbarkeitsgrad informiert werden. Beschließen diese zusammen mit dem

Projektteam, dass die bis dato erhaltenen Ergebnisse als ausreichend akzeptiert werden können, so kann eine neue Phase fristgerecht beginnen.
Werden die gesteckten Phasen- oder Teilziele nicht erreicht, so müssen die Verantwortlichen entscheiden, inwieweit Modifikationen des Terminplans zum Erreichen der Ziele führen, ob das Projekt mit modifizierten Zielen weitergeführt oder sogar abgebrochen wird.

Methoden zum Erstellen des PSP

Zur Erstellung eines Projektstrukturplanes gibt es mehrere Methoden, und zwar im Wesentlichen zwei prinzipiell unterschiedliche.

Methode Top-down

Hierbei planen Sie von grob nach fein, d. h., die Projektphasen werden in erster Instanz in Sammelvorgänge untergliedert und dann immer feiner in Arbeitspakete zerlegt.
Diese Methode setzt äußerst strukturierte Denkweise voraus.

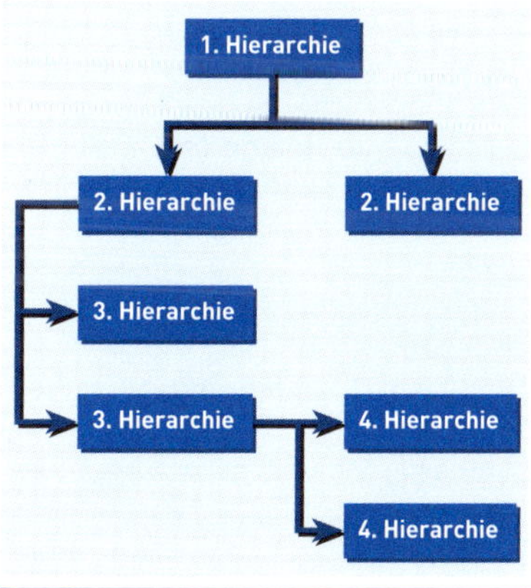

Prinzip der Methode Top-down.
Bei der Nutzung einer Projektmanagement-Software bietet sich diese Methode an.

Methode Bottom-up

Diese Methode fördert kreatives Denken, indem zuerst alle möglichen Arbeitspakete in Form eines Brainstormings gesammelt und gewichtet werden. Anschließend wird darüber diskutiert, unter welchen Oberbegriffen die derzeit noch ungeordneten Arbeitspakete sinnvoll zusammengefasst werden können. Die Projektstruktur entsteht Stück für Stück als kreative Gemeinschaftsarbeit.

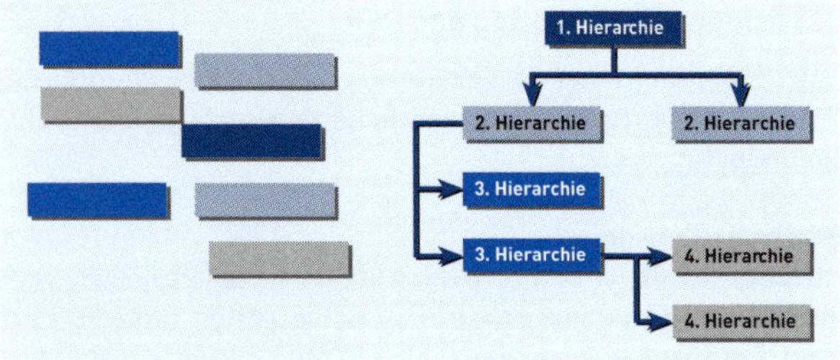

Prinzip der Methode Bottom-up

Checkliste Arbeitspaket

Jedes einzelne Arbeitspaket muss klar zugeordnet und beschrieben werden. Nicht alle Kriterien der Checkliste treffen immer und überall zu – bei kleineren Einzelprojekten kann man einige Punkte einsparen.

- ☐ Projektname und Projektleiter enthalten?
- ☐ Arbeitspaket benannt?
- ☐ Identifikationsnummer vergeben?
- ☐ Arbeitspaket beschrieben?
- ☐ Verantwortlicher und/oder Durchführende(r) aufgeführt?
- ☐ Ziel des Arbeitspaketes hinreichend genau beschrieben?
- ☐ Erledigungszeitraum mit frühestmöglichem Start und Ende sowie eventuellem Stichtag erfasst?

☐ Welche Voraussetzungen technischer oder materieller Struktur müssen zur Erledigung des Arbeitspaketes vorhanden sein?
☐ Wie hoch wird der Arbeitsaufwand geschätzt?
☐ Welche Kapazität wird benötigt?
☐ Sind Vorgänger- und Nachfolgeraktivitäten bekannt? Wenn ja, wer sind die Verantwortlichen, mit denen Kontakt aufgenommen werden muss?

Dauer- und Aufwandsabschätzung

Wie bereits in der Definition der Arbeitspakete erwähnt, sollte im Projekt unterschieden werden zwischen der Dauer als vorgegebenem Erledigungszeitraum eines Arbeitspaketes und dem Aufwand, der von den Ressourcen betrieben werden muss, um die Aufgabe in der vorgegebenen Zeit zu erledigen. Es gibt drei Parameter:

- Zeitraum,
- Arbeit, verbunden mit Kosten, und
- Kapazität.

Hierbei sind unterschiedliche Berechnungsformen denkbar, im Wesentlichen die beiden folgenden.

Variante 1

Aufgrund terminlicher Vorgaben und/oder Schätzung wird die maximal zur Verfügung stehende Dauer der einzelnen Arbeitspakete bis zum Erreichen des nächsten Meilensteines vorgegeben und eine gewisse Pufferzeit eingebaut. Ein Puffer errechnet sich nach der Formel

$$SAZ - SEZ = FAZ - FEZ$$

spätestmöglicher Anfangszeitpunkt - spätestmöglicher Endzeitpunkt
= frühestmöglicher Anfangszeitpunkt - frühestmöglicher Endzeitpunkt

In der Diskussion mit den Arbeitspaket- und Ressourcenverantwortlichen wird dann aufgrund von Erfahrungen der zu leistende Arbeitsaufwand geschätzt. Die benötigte Kapazität hängt dabei natürlich auch von der Verfügbarkeit der Ressource ab, besser gesagt: Sie wird als prozentualer Anteil dessen bestimmt, was die Ressource während der vorgegebenen Dauer leisten könnte.

Beispiel

Dauer = 10 Tage
zu leistende Arbeit = 20 Std.
Verfügbarkeit Ressource = 100 % bei täglicher Arbeitsleitung von 8 Std.
Dies ergibt eine benötigte Kapazität von 25%.

In diesem Beispiel wird wiederum die Differenzierung zwischen der Dauer (10 Tage) und dem von der Ressource betriebenen Aufwand (20 Stunden entsprechend 25 % der Kapazität von 10 Tagen mal 8 Stunden) deutlich.

Variante 2

Aufgrund von Erfahrungen aus anderen ähnlich gelagerten Arbeitspaketen wird der Arbeitsaufwand so geschätzt, als sei nur eine Ressource mit der Arbeit betraut. Unter Berücksichtigung der Verfügbarkeit der Ressource (im Projekt zur Verfügung stehende Kapazität und Urlaub der Ressource einkalkulieren!) wird daraus die benötigte Dauer berechnet. Der Rest ergibt sich aus einem Dreisatz.

Beispiel

Angenommen, die Maurer arbeiten in einem Baugroßprojekt in Kolonnen von je 10 Maurern. Eine Kolonne = 10 Maurer benötigt 5 Tage für eine Arbeit. Die Ressource steht aber nur hälftig zur Verfügung. 5 Maurer benötigen demnach 10 Tage. Berücksichtigen Sie bitte, dass die Effizienz von Ressourcen nicht linear von der Anzahl der Ressourcen abhängt.

Beide Schätzverfahren bedingen Erfahrung und Expertenwissen.

Ablaufplanung

Die Ablaufplanung hat zum Ziel, die logische Abfolge der einzelnen Projektschritte zu definieren. Projektschritte sind in diesem Sinne sowohl

- Arbeitspakete, die von internen oder von externen Stellen innerhalb des Projektes erbracht werden, als auch
- Vorbedingungen, die erfüllt sein müssen, damit einzelne Arbeitsschritte stattfinden können.
  Beispiele für Vorbedingungen sind z. B. Lieferzeiten, die einkalkuliert werden müssen, oder auch Arbeitsbeschränkungen (Nachtarbeit nur für bestimmte Personen zulässig).

Anordnung von Schritten

Innerhalb eines Projektes werden Arbeitspakete auf eine der folgenden drei Weisen angeordnet:

- Hintereinander: Erst wenn ein Arbeitspaket vollständig beendet ist, kann das nächste beginnen.
- Ganz oder partiell parallel: Arbeitspakete beginnen zum gleichen Zeitpunkt oder mit einem absoluten (Stunden, Tage, Wochen, Monate) oder prozentualen zeitlichen Versatz („Ich kann beginnen, wenn mein Vorgänger zu 30 Prozent fertig ist").
- Mit definierbaren Zeitabständen: Zwischen zwei Arbeitspaketen sind Ruhezeiten notwendig. (Wenn Sie ein Fundament betonieren, sollte dieses austrocknen, bevor die Maurer kommen.)

Nomenklatur nach DIN 69900

Für die Abhängigkeiten der Termine aufeinander folgender Vorgänge gibt es kombinatorisch vier Möglichkeiten, deren Bezeichnungen genormt sind und für die Abkürzungen existieren. Bei der Normalfolge hängt der Start eines Vorgangs vom Ende seines Vorgängers ab. Alle vier Möglichkeiten sind in einer Tabelle auf der folgenden Seite zusammengestellt.

Nomenklatur nach DIN 69900		
Bezeichnung	**Abkürzung**	**Bedeutung**
Normalfolge (NF)	EA (Ende – Anfang) ES (Ende – Start)	Der Start eines Vorgangs hängt vom Ende seines Vorgängers ab.
Endfolge (EF)	EE (Ende – Ende)	Das Ende eines Vorgangs ist an das Ende des Vorgängers gekoppelt. Der Start des Nachfolgers wird rückwärts vom Ende des Vorgängers berechnet.
Anfangsfolge (AF)	AA (Anfang – Anfang) SS (Start – Start)	Der Start eines Vorgangs hängt vom Start des Vorgängers ab, das Ende wird aufgrund der Dauer ermittelt.
Sprungfolge (SF)	AE (Anfang – Ende) SE (Start – Ende)	Das Ende des Nachfolgers ist vom Anfang eines Vorgangs abhängig.

Der Puffer

Der Weg mehrerer, voneinander abhängiger Arbeitpakete führt zu einem Meilenstein. Liegt zwischen dem Meilenstein und der Prozesskette arbeitsfreie Zeit, so spricht man von einer Zeitreserve oder einem (positiven) Puffer.

Man unterscheidet drei Arten von Puffern:

- Gesamte Pufferzeit (GP)
  = zur Verfügung stehende Zeit zwischen dem frühestmöglichen und dem spätestmöglichen Ende eines Arbeitspaketes, Vorgangs, Tasks, Gewerkes.
- Freie Pufferzeit (FP)
  = zur Verfügung stehende Zeitspanne, um die sich das Ende eines Vorgang maximal verschieben kann, ohne dass sich davon abhängige Vorgänge in ihrer spätesten Lage verschieben.
- Negative Pufferzeit (NP)
  = die Zeitspanne, um die das spätestmögliche Ende überschritten wird. In der Regel der Wert, um den ein Vorgang oder eine Prozesskette einen Meilenstein überschreitet.

Erreicht ein Weg einen negativen Pufferwert oder wird der Puffer = Null, spricht man vom kritischen Weg. Dieser ist also die Abfolge mit der kürzestmöglichen Projektlaufzeit.

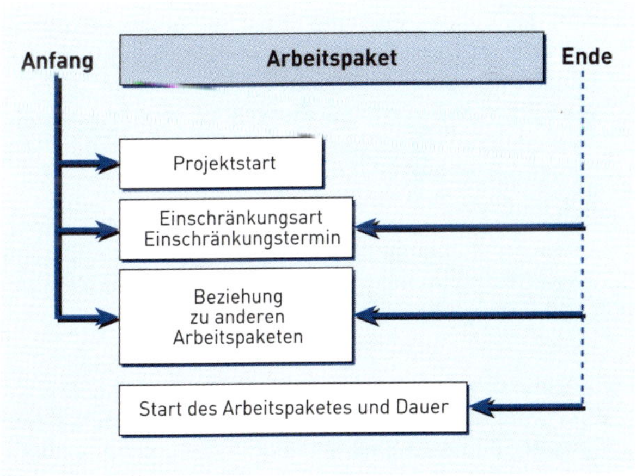

Wodurch Anfang und Ende eines Arbeitspaketes definiert werden können

Als Möglichkeiten zur Verkürzung des Terminplans stehen grundsätzlich zur Verfügung:

- Ändern der Vorgangsbeziehungen,
- Parallelisieren von Arbeitspaketen,
- Einführen längerer Arbeitszeiten und/oder Schichtdienste,
- Verkleinern des Arbeitsumfangs,
- Erhöhen der Kapazitäten durch Freistellen weiterer Ressourcen oder Einkauf von Fremdleistungen,
- Erhöhen der Effizienz.

Es dürfte klar sein, dass aufgrund der Umfeldbedingungen in der Praxis in aller Regel nicht alle diese Möglichkeiten realistisch infrage kommen.

Techniken für die Erstellung des Projektplans

Zwei unterschiedlich komplexe Techniken bieten sich an:

- Netzplan und
- Gantt-Chart.

In beiden Techniken ist sowohl

- die Vorwärtsberechnung (ausgehend von Projektstart wird das früheste Ende des Projektes berechnet anhand der Arbeitspakete, deren Dauer und deren logischer Abhängigkeit zueinander) als auch
- die Rückwärtsberechnung (ausgehend vom Projektende werden die spätestmöglichen Start- und Endtermine der Arbeitspakete und somit des gesamten Projektes berechnet) möglich.

Unter Zuhilfenahme von Projektmanagement-Software lässt sich die jeweilige Berechnungsart einfach auf die andere umschalten.

Die Rückwärtsberechnung hat jedoch den Nachteil, dass für jede Aktivität der jeweils spätestmögliche Anfangszeitpunkt und – unter Einbeziehung der Dauer – der spätestmögliche Endzeitpunkt errechnet wird, was zur Folge hat, dass sicherlich kein Verantwortlicher mit einem Arbeitspaket vor dem angegebenen Termin beginnt, obwohl es nach dem Projektablaufplan vielleicht möglich wäre. Einzelne Prozessketten liegen aus diesem Grund in Bezug auf die mit ihnen verbundenen Meilensteine stets auf dem Null-Puffer-Weg, was bedeutet, dass die Arbeitspakete kritisch sind. Die Rückwärtsberechnung:

SEZ - Dauer = SAZ

spätestmöglicher Endzeitpunkt - Dauer
= spätestmöglicher Anfangszeitpunkt

Aber auch bei der Vorwärtsberechnung sollte man beachten, dass es einen frühestmöglichen und einen spätestmöglichen Termin gibt. Zwischen beiden liegt vermutlich ein realistischer Stichtag für die Erledigung der Aufgabe. Die Vorwärtsberechnung:

FAZ + Dauer = FEZ

frühestmöglicher Anfangszeitpunkt + Dauer
= frühestmöglicher Endzeitpunkt

Abkürzungen auf einen Blick

SAZ	= spätestmöglicher Anfangszeitpunkt
SEZ	= spätestmöglicher Endzeitpunkt
FAZ	= frühestmöglicher Anfangszeitpunkt
FEZ	= frühestmöglicher Endzeitpunkt
GP	= Gesamtpufferzeit
FP	= freie Pufferzeit
NP	= negative Pufferzeit

Netzplantechnik

In der Netzplantechnik werden Arbeitspakete und Meilensteine in Form von Vorgangsknoten (Vorgangsknotennetz VKN) oder als Vorgangspfeilnetz (VPN) abgebildet.
Im VPN verbinden Pfeile lediglich Anfang und Ende der Aktivitäten. Die Netzplantechnik bietet sich zur Darstellung von Ablaufplänen größerer Projekte an. Es empfiehlt sich, hierzu entsprechende EDV-Programme zu benutzen, da sonst der Pflegeaufwand im Verhältnis zur Ersterstellung überproportional hoch ist.

Vorgangsnummer	**Verantwortlich**	**Dauer**
Beschreibung des Vorgangs		
Frühestmöglicher Start	Gesamte Pufferzeit	Frühestmögliches Ende
Spätestmöglicher Start	Freie Pufferzeit	Spätestmögliches Ende

Inhalte eines Vorgangsknotens

Vorgangsknoten werden in der Netzplantechnik durch Pfeile miteinander verbunden. In der Regel ist der FEZ eines Arbeitspaketes gleich dem FAZ des unmittelbar darauf folgenden Arbeitspaketes. Um positive Zeitabstände (Ruhezeit) oder negative Zeitabstände (paralleles Arbeiten) zu visualisieren, werden diese an die verbindenden Pfeile geschrieben.
Der FAZ eines Ereignisses ist in der Normalfolge (NF) gleich dem FEZ des Vorgängers plus positivem Zeitabstand.

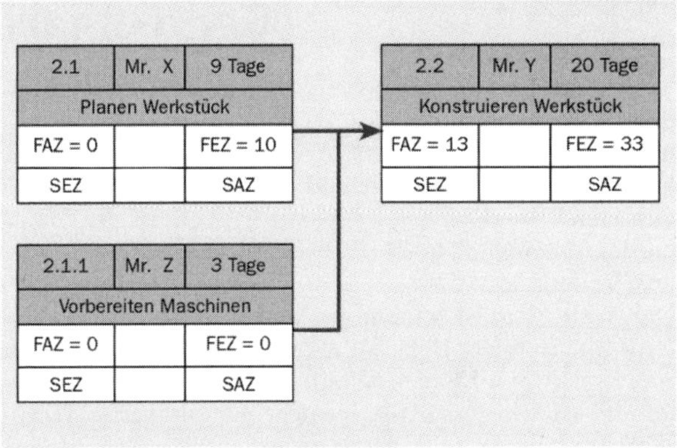

Verbindungen im Vorgangsknotennetz

Checkliste Netzplan

- ☐ Welches EDV-Tool wird zu Erstellung von Netzplänen benutzt?
- ☐ Sind ausgewählte Mitarbeiter/-innen in der Netzplantechnik geschult?
- ☐ Wer ist verantwortlich für Anlage und Pflege des Netzplans?
- ☐ Sind die Kommunikationswege mit der Netzplanadministration gesichert?
- ☐ Ist der Netzplan übersichtlich und begreifbar?
- ☐ Wurden neben den Arbeitspaketen Meilensteine berücksichtigt?
- ☐ Ist der Netzplan in Teilnetze zerlegbar?
- ☐ Wurde der Netzplan in der Projektsitzung erarbeitet und erklärt?

Gantt-Chart

Sofern es sich um die Visualisierung von Arbeitsabläufen handelt, bei denen der Schwerpunkt auf der Terminplanung liegt und weniger Wert auf die exakte Darstellung von SAZ, SEZ, FAZ, FEZ, GP und FP gelegt wird, ist dem Gantt-Chart, auch einfacher Balkendiagramm genannt, in der Regel der Vorzug vor dem Netzplandiagramm zu geben, denn es ist einfacher zu erstellen und zu pflegen.
Das Gantt-Chart ist benannt nach dem amerikanischen Unternehmensberater H. L. Gantt (*1861, †1919), der als Erster Arbeitspakete und Meilensteine in Form von Balken und Rauten über eine (in Projektmanagement-Software variable) Zeitskala darstellte.
Im Gantt-Chart werden die Abhängigkeiten von Arbeitspaketen untereinander und zu Meilensteinen durch Pfeile vom Vorgänger zum Nachfolger symbolisiert. Zeitabstände lassen sich optisch gut darstellen, sind aber in der Regel bei Projektmanagement-Software nicht im Diagramm darstellbar, somit nur als Abstand von Anfangs- und Endterminen erkennbar.

		Vorgangsname	Dauer
0		**2 Maschinenteile**	**70,38 Ta**
1		Kickoff-Meeting	1
2			
3		Planen	3 Woch
4		Konstruieren	4 Woch
5		Fertigen	4 Woch

Darstellungsform Gantt-Chart

Checkliste Gantt-Chart

- ☐ Ist das Diagramm übersichtlich und begreifbar?
- ☐ Ist das Diagramm sinnvoll gegliedert?
- ☐ Wird optisch zwischen Arbeitspaketen und Meilensteinen unterschieden?
- ☐ Entstand das Diagramm aus fundierten Angaben oder aus Schätzungen?
- ☐ Sind späteste Erledigungstermine eingepflegt?
- ☐ Ist das Diagramm richtig sortiert?
- ☐ Wird unterschieden zwischen Soll- und Ist-Daten?
- ☐ Kommt ein Software-Tool zum Einsatz?
- ☐ Wurden Mitarbeiter in der Software ausgebildet?
- ☐ Wurde das Gantt-Chart in der Projektsitzung erarbeitet und erklärt?

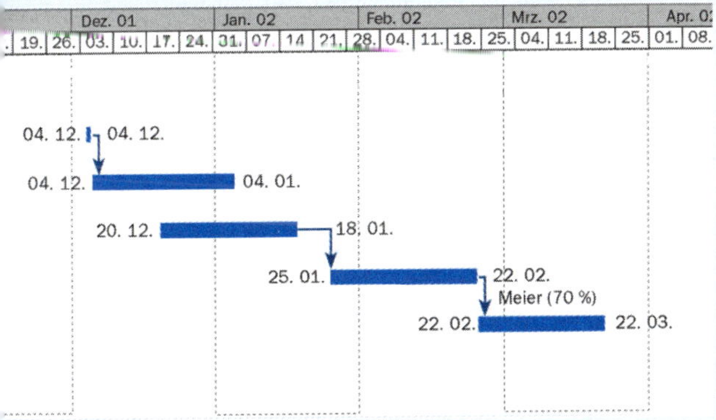

Chancen, Risiken und Entwicklungstendenzen von Projektmanagement-Tools

Dass Projektmanagement durch geeignete Software sehr gut unterstützt werden kann, ist inzwischen hinlänglich bekannt und akzeptiert. Die Bandbreite des Einsatzes schwankt dabei von „Zeichentool für Balkenpläne" bis zu einem vollständigen Management-Informationssystem.

Entsprechend gravierend können auch die Auswirkungen sein, wenn ein Unternehmen oder ein Unternehmensbereich die Entscheidung für ein Projektmanagementsystem (PMS) trifft. Wird ein PMS nicht nur, wie z. B. eine Textverarbeitung, in den Standardwerkzeugkasten aufgenommen, sondern als strategisches Produkt eingeführt, fällt erst nach dem eigentlichen Kauf der Software der Hauptteil der Kosten und des Aufwandes an. Außerdem ist häufig der Erfolg des gesamten Themas „Projektmanagement" verknüpft mit dem Erfolg des PMS. Dies zeigt, wie wichtig eine fundierte und strategische Auswahl eines PMS ist. Durch den Einsatz einer Projektmanagement-Software sollen im Wesentlichen zwei Ziele erreicht werden:

- Unterstützung von Projektleiter und Projektmitarbeiter bei Planung und Controlling sowie
- Erhöhung der Transparenz durch verbesserte Berichterstattung und Dokumentation.

Um diese Ziele erreichen zu können, müssen wichtige Voraussetzungen gegeben sein:

- Die Software wird von den Anwendern verstanden und akzeptiert.
- Die Auswahl und Einführung einer PM-Software kann nicht gegen, sondern nur zusammen mit den künftigen Anwendern erfolgreich sein.

  Dies ist wichtig, da fehlende Akzeptanz die strategische Nutzung jeder Software unmöglich macht und in erster Linie Unruhe und zusätzliche Reibungsverluste verursacht, statt erhöhte Transparenz zu bringen.

- Es wird nicht versucht, mit der Software organisatorische, methodische oder menschliche Defizite zu kaschieren.
- Mit PM-Software dürfen Defizite im Projektmanagement nicht abgeschwächt oder verdeckt werden. Im Gegenteil – häufig zeigt erst ihr Einsatz viele Lücken auf. Einer der größten Fehler beim Softwarekauf ist der Glaube an die Aussage: „Wir kaufen jetzt eine Projektmanagement-Software, damit ist Projektmanagement eingeführt!"

Scheitert die Einführung eines PM-Systems, ist meist das gesamte Thema für die nächsten Jahre ein sehr heißes Eisen.

Gelingt die Einführung, ist deutlicher Mehrwert zu erreichen:

- Kausalitätsprinzip: klarer Zusammenhang von Ursache und Wirkung reproduzierbar aufzeigbar,
- Standortbestimmung: frühzeitiges Erkennen von Risiken und Krisen; Abweichungen vom ursprünglichen Projektplan,
- Navigation:
  - qualitative Prognose des weiteren Projektverlaufs,
  - qualitative Entscheidungsgrundlage anhand optimistischer/pessimistischer Verlaufsszenarien,
  - eindeutige Ergebnisverbesserung,
  - klare Ergebnisorientierung,
- Historie:
  - transparente Projektbiografie,
  - Dokumentation laut QM-Richtlinien.

Das Angebot für Projektmanagement-Tools ist breit gefächert. Die Tendenz geht eindeutig hin zu webbasierten Programmen, die nicht nur die Kommunikation innerhalb von globalen Teams gewährleisten, sondern zusätzlich den Vorteil besitzen, dass nur noch die Projektplaner mit der Software umgehen müssen. Die zweifellos großen Chancen, die sich im sehr dynamischen Markt an Projektmanagementsystemen auftun, können jedoch nur dann genutzt werden, wenn weiterhin das PM-Tool im ursprünglichen Sinne des Wortes genutzt wird: als Werkzeug, das bei der Umsetzung geeigneter Methoden und Verfahren hilft!

Auswahl einer Projektmanagement-Software

Um eine Projektmanagement-Software fundiert auszuwählen, empfiehlt sich eine systematische Vorgehensweise in sechs Schritten, die zum einen die Schritte Definition und Gewichtung von Anforderungskriterien trennt und zum anderen die Produktauswahl in verschiedene Selektionsstufen einteilt, um den Aufwand möglichst gering zu halten.

1. Schritt:	Definition der Anforderungen, Erstellung eines Kriterienkatalogs
2. Schritt:	Festlegung der Gewichtung
3. Schritt:	Vorselektion
4. Schritt:	Produktvergleich
5. Schritt:	Testphase
6. Schritt:	Entscheidung

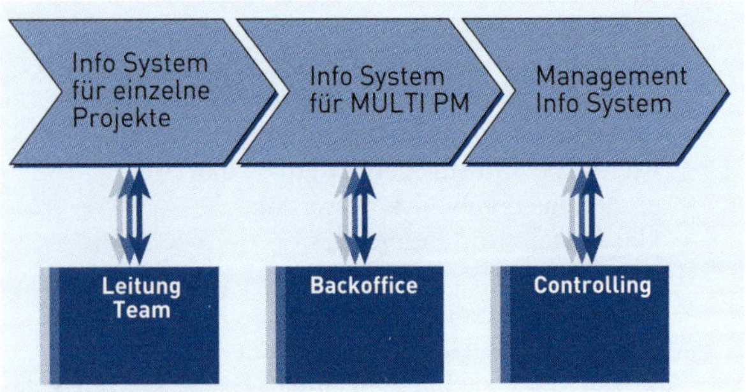

Entwicklung von Projektmanagement-Tools

Auf den Punkt gebracht

- Am Anfang steht immer die Projektidee. Ob das daraus resultierende Vorhaben als Projekt mit klarem Ziel in fester Zeitspanne und eigenständiger Organisation realisiert werden soll, muss stets explizit entschieden werden: kein Start eines Projekts ohne den Projektauftrag!

- Entsprechend der eigenständigen Organisation hat das Projekt zuständige Gremien. Im Minimum sind dies
  - der Auftraggeber
  - der/die Projektleiter/-in und
  - das Projektteam mit Mitarbeitern, die entweder ausschließlich oder ggf. neben bisherigen Funktionen für das Projekt arbeiten.

  Hinzu kommen können ein Lenkungsausschuss und ein Fachausschuss.

- Den Kern des Projektauftrags bildet das Projektziel. Es orientiert sich am magischen Dreieck von Technik/Qualität, Terminen und Kosten.

- Aus den Zielvorgaben und den Umfeldbedingungen ergeben sich die Arbeitspakete und Phasen, zu denen Meilensteine festzulegen sind. Daraus entsteht der Projektstrukturplan (PSP). Hilfsmittel zu seiner Erstellung sind Netzplantechnik oder Gantt-Diagramm, ggf. wird mit einer Projektmanagement-Software gearbeitet.

- Schon früh im Projekt ist auf die Teamentwicklung zu achten: Ab der Kick-off-Sitzung und der Projektstartsitzung braucht das Projekt Spielregeln für die Kommunikation und Verfahren für die Dokumentation.

3 Die Feinplanung

Füllen des Strukturplans mit den konkreten Termin-, Ressourcen- und Kostendaten

Nachdem das Projekt genehmigt wurde, ein grober Terminplan und eine Kosten- und Aufwandschätzung durchgeführt wurden, geht es nun darum, das Projekt feiner zu strukturieren, Ressourcen und Kosten so exakt wie möglich (oder nötig?) zu bestimmen und Risiken zu analysieren.

Die Terminplanung

In Kapitel 2 wurden grundsätzliche Möglichkeiten der Terminplanung besprochen. Nun geht es um Fragen, wie die Feinausgestaltung des Terminplans erfolgen kann. Das gewählte Vorgehen hängt davon ab, ob es sich um ein Einzelprojekt oder um die integrierte Planung mehrerer Projekte handelt.

Feinstruktur Einzelprojekt

Im Einzelprojekt liegt der Detaillierungsgrad der Arbeitspakete beim Projektleiter.

> Der Projektleiter entscheidet, natürlich in Zusammenarbeit mit den jeweiligen Verantwortlichen, bis zu welcher Ebene ein Projekt heruntergebrochen werden soll.

Um es nicht zu einer mehr oder weniger wahllosen Aneinanderreihung von Arbeitspaketen und Meilensteinen kommen zu lassen, ist es sinnvoll, ein Projekt durch Sammelvorgänge zu gliedern. Während in der Grobplanung z. B. Arbeitspakete als Ganze erfasst wurden, wird jedes Arbeitspaket nun aufgesplittet. Wann macht eine solche Gliederung Sinn?

- Wenn es fachlich und technisch notwendig ist, einen Prozess in mehrere Arbeitspakete zu teilen.
- Wenn die logische Abhängigkeit von grob strukturierten Arbeitspaketen auf den kritischen Weg führt.

Beispiel: mehrere Projekte in einem Gesamtplan zusammengefasst

Die folgende Seite bietet ein Beispiel, bei dem mehrere Projekte zu einem Gesamtplan zusammengefasst wurden. Im Projekt „Fertigung“ zeigt sich, dass – unter Voraussetzung genügender Ressourcen – zwei Ketten von Arbeitspaketen getrennt werden können, nämlich

- der Weg von Planen, Konstruieren, Fertigen für das Maschinenteil 1 und
- der Weg von Planen, Konstruieren, Fertigen für das Maschinenteil 2.

Feinstruktur über mehrere Projekte

Stellen Sie sich folgende Situation vor: Sie sind Projektleiter eines großen Konsortialprojektes, an dem mehrere Firmen (Konsorten) beteiligt sind, die Know-how, Kapital und Ressourcen einbringen. Dann interessiert Sie vermutlich nicht, wann Ihre Partner die hinterletzte Schraube anziehen, sondern lediglich wann bestimmte Abschnitte fertig werden und wie die Puffersituation in Hinblick auf die Meilensteine zu beurteilen ist.

Alles andere ist Aufgabe der Konsorten? Nicht unbedingt, denn Sie haben als Projektleiter den Auftrag zur Termin- und Kostentreue, und möglicherweise können nur Sie als Projektleiter beurteilen, wie die Aufgaben der einzelnen Konsorten ineinandergreifen.

Variante 1: ein Gesamtplan

Der Projektleiter ist auch in diesem Fall für die Erstellung des Projektplans verantwortlich. Er wird den Teilprojektleitern (Konsorten) Anfang und Ende der übernommenen Prozesse, die Terminlage der Meilensteine und die zu erreichenden Ziele mitteilen. Er wird sie über Toleranzgrenzen und Abbruchkriterien informieren und auf Risiken und Verbindungsstellen zu anderen Teilprojekten hinweisen. Die Kommunikationswege, -medien und -rituale sind besonders wichtig.

	i	Vorgangsname	Dauer
1		⊟ **Gesamtprojekt**	
2		⊞ **Vorstudie**	**25 Tage**
3		Kick-off-Meeting	1 Tag
4		⊟ **Projekt Fertigung**	**65 Tage**
5		⊟ Planen	**15 Tage**
6		Planen MT 1	2 Wochen
7		Planen MT 2	3 Wochen
8		⊟ Konstruieren	**10 Tage**
9		Konstruieren MT 1	1 Woche
10		Konstruieren MT 2	2 Wochen
11		⊟ Fertigung	**15 Tage**
12		Fertigung MT 1	2 Wochen
13		Fertigung MT 2	2 Wochen
14		TQM	3 Wochen
15		Verpacken	1 Woche
16		Transport nach Genua	3 Tage
17		Verladen	2 Tage
18		Abfahrt Schiff	0 Tage
19		Passage	20 Tage
20		⊞ **Projekt Montage USA**	**30 Tage**
21		⊞ **Projekt Ausbildung**	**30 Tage**
22			
23			

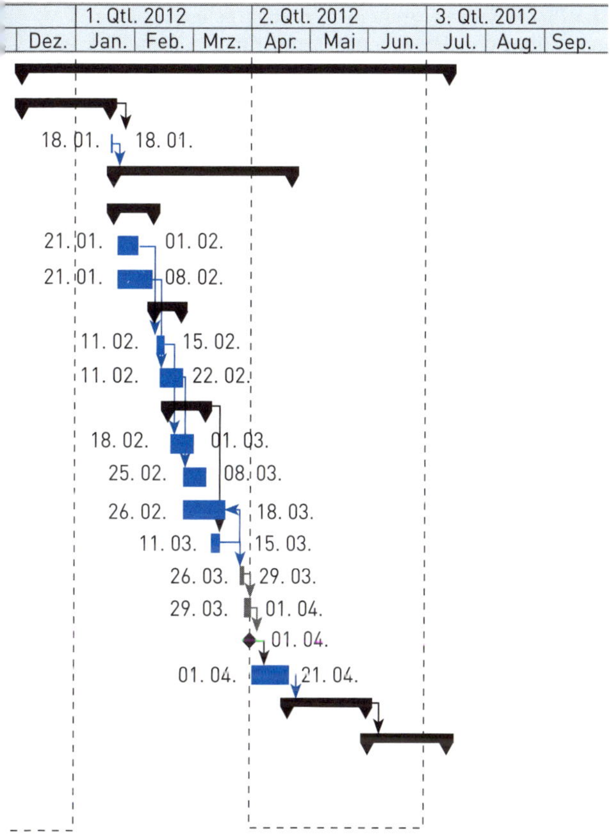
1. Qtl. 2012
2. Qtl. 2012
3. Qtl. 2012
Dez.
Jan.
Feb.
Mrz.
Apr.
Mai
Jun.
Jul.
Aug.
Sep.
18. 01.
18. 01.
21. 01.
01. 02.
21. 01.
08. 02.
11. 02.
15. 02.
11. 02.
22. 02.
18. 02.
01. 03.
25. 02.
08. 03.
26. 02.
18. 03.
11. 03.
15. 03.
26. 03.
29. 03.
29. 03.
01. 04.
01. 04.
01. 04.
21. 04.

Der Projektleiter entscheidet, in Absprache mit seinen Partnern, über den Detaillierungsgrad. Ob die Teilprojektleiter den Bereich, für den sie verantwortlich zeichnen, noch feiner strukturieren, ist allein ihre Entscheidung.

Variante 2: Multiprojekttechnik

Der Begriff „Multiprojekttechnik" bedeutet hier lediglich die Zusammenführung mehrerer, eigenverantwortlich betreuter Projekte in einen integrativen Gesamtplan. Er ist nicht zu verwechseln mit dem Begriff „Multiprojektmanagement", der strategische Unternehmensführung und Projektportfolios beinhaltet.

> Multiprojekttechnik setzt in der Regel Projektmanagement-Software und eine gewisse Virtuosität im Umgang mit der Software voraus.

Ein Projekt wird nicht nur im Verantwortungsbereich in Teilprojekte aufgeteilt, sondern die Teilprojekte werden in eigenständigen Dateien angelegt und miteinander auf Projekt- oder Arbeitspaketebene verlinkt.

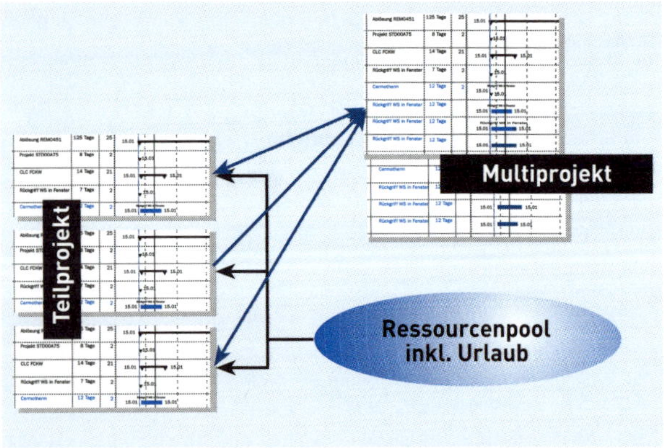

Synergieeffekte durch Multiprojekttechnik und Ressourcenpool

Das Vorgehen lässt sich in vier Schritte gliedern:

- Schritt 1: Schaffen einer einheitlichen Umgebung
Der Projektleiter sorgt dafür, dass für die Teilprojektdateien eine einheitliche Nomenklatur aufgestellt wird, und schafft die benötigten Ablagestrukturen im Netzwerk oder auf seinem Computer. Er benennt die Teilprojektdateien und legt diese in die richtigen Verzeichnisse ab.
Der Projektleiter bestimmt die Art des Datenflusses. Er entscheidet auf Basis der Unternehmensrichtlinien und Sicherheitsbestimmungen, ob der Zugang zu einem gemeinsamen Datennetz zu gewährleisten ist oder ob Kommunikation und Datenaustausch über Mailprogramme realisiert werden. Er legt in Form von Arbeitsanweisungen fest, wie und wann der Datenaustausch stattzufinden hat.

- Schritt 2: Erstellen des Ablaufplanes für das Gesamtprojekt
Der Projektleiter erstellt den groben Ablaufplan für das Gesamtprojekt. Hierbei gibt es Arbeitspakete, die unmittelbar in seine Regie fallen (diese wird er als Vorgänge im Gesamtplan erfassen), und Arbeitspakete, die in Form von Sammelvorgängen vorliegen und deren Detaillierungsgrad den Teilprojektleitern obliegt.
Er wird ebenfalls auf Abhängigkeiten der Teilprojekte untereinander hinweisen. Sofern keine rechtlichen oder unternehmenspolitischen Gründe dagegen sprechen, wird er den Teilprojektleitern den Grobplan zur Verfügung stellen können, aus welchem diese die wichtigsten Parameter ihrer Projekte ersehen.

- Schritt 3: Detaillierung der Teilprojekte
Sobald den Teilprojektleitern diese Informationen vorliegen, erfassen sie den detaillierten Projektstrukturplan für ihren Verantwortungsbereich und stellen diesen auf dem vorgegebenen Kommunikationsweg dem (Haupt-) Projektleiter zur Verfügung.

- Schritt 4: Datenintegration
  Der Hauptprojektleiter fügt die Teilprojektdateien in das Gesamtprojekt ein und definiert per Software die projektübergreifenden Abhängigkeiten auf Arbeitspaketebene. Er besitzt nun detaillierte Informationen über den Projektverlauf und kann nach Belieben Hierarchieebenen ein- und ausblenden.

Die Methode der automatischen Dateiverknüpfung lässt effektives Monitoring zu.
Ein Gesamtplan in Form eines Multiprojektes hat den Vorteil, dass sich die Projektleitung auf das Wesentliche konzentrieren kann und der Detaillierungsgrad den jeweiligen Partnern obliegt, welche die Teilprojekte eigenverantwortlich betreuen.

Die Ressourcenplanung

Wie bereits in Kapitel 2 beschrieben, sind Ressourcen Arbeitskräfte und Betriebsmittel, die zur Durchführung einer Aufgabe benötigt werden. Während bisher jedoch nur ermittelt wurde, was und wie viel grundsätzlich benötigt wurde, geht es nun darum, konkrete Ressourcen einzusetzen.
Um effektiv mit Ressourcen zu arbeiten, sind folgende grundsätzliche Informationen notwendig:

- Um welche Art von Ressource handelt es sich?
- Wie ist die Ressource im Projekt verfügbar?
- In welcher Kapazität wird die Ressource in welchen Arbeitspaketen eingesetzt werden können?
- Welche Kosten verursacht die Ressource?

Die Frage nach der Art der Ressource ist meist sehr einfach zu beantworten, die Frage nach der Verfügbarkeit bedarf genauer Abstimmung mit allen Beteiligten.

Hierzu ist vorab zu klären, ob die Ressource dem Projekt vollständig zugeordnet wurde oder ob sie nur teilweise im Projekt arbeitet und ansonsten der normalen Linientätigkeit laut Stellenbeschreibung nachgeht.

Ferner ist zu klären, welche Grundlast die Ressource durch Tätigkeiten, die nicht unmittelbar projektbezogen sind, wie Administration, Telefon und sonstige Arbeiten, bereits trägt. In der Regel steht auch eine Ressource, die ausschließlich im Projekt arbeitet, diesem nicht zu 100 Prozent zur Verfügung.

> Zieht man die Grundlast ab, berücksichtigt ferner Urlaubszeiten, Schulungen, durchschnittliche Krankheitszeiten und sonstige Abwesenheit, so ergibt sich ein Verfügbarkeitswert, der in den seltensten Fällen mehr als 70 Prozent beträgt.

Im Sinne realistischer Planung ist es nicht sinnvoll, den Einsatz der Ressource mit höherer Kapazität einzuplanen.

Die Ressourcenberechnung:

Jahresarbeitszeit
- Grundlast
- Ausfallzeiten (Urlaub etc.)

= Produktivzeit
- andere Arbeitszeiten (Sonderaufgaben, Training etc.)

= Fertigungsstunden

Dass die Ressource auch in Bezug auf ihre Skills, ihr Verhalten sowie ihre Motivation in das Team passen muss, ist ein gesondert zu behandelndes Thema (siehe Kapitel 4).

Auf der Basis des Netzplans oder des Balkendiagramms (Gantt) kann nun die Realressource dem Arbeitspaket zugeordnet werden und eventuell zu Änderungen im Bereich Zeit und/oder Arbeitsaufwand führen. Ferner ist nun absehbar, mit welcher Kapazität eine Ressource in unterschiedlichen Arbeitspaketen eingesetzt wird, die auf der Zeitschiene parallel oder teilweise parallel verlaufen. Hier bieten gerade Projektmanagement-Programme die Möglichkeit, im Netzplan oder im Gantt-Chart gezielt nach dem Einsatz einer Ressource zu filtern, um somit die maximale Belastung zu ermitteln und beurteilen zu können, ob die Kapazität ausreicht oder überlastet ist.

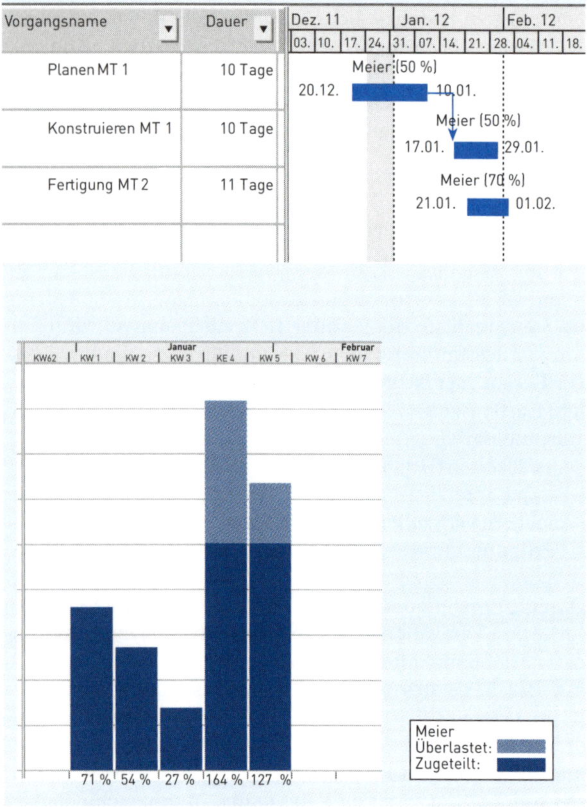

Belastung von Einzelressourcen durch Filtration (links) und Belastungsdiagramm einer Ressource (rechts)

Sinnvoll ist es ebenfalls, diese Belastung in einem Diagramm zu erfassen. Auch hier ist entsprechende Software hilfreich. Vergleichen Sie Verfügbarkeit und Kapazitätsbedarf, so ist sofort ersichtlich, wann eine Überlastungssituation auftritt.

Lösen von Überlastungsproblemen

Wie die Überlastung von Ressourcen gelöst werden kann, ist selbstverständlich immer eine Frage der Möglichkeiten. Generell sind vier Ansätze denkbar:

- Erhöhung der Kapazität,
- Verlängerung des Erledigungszeitraums,
- Priorisierung von Tätigkeiten und
- Umstrukturierung des Ablaufplans.

Welcher Ansatz im konkreten Arbeitspaket zum Einsatz kommt, hängt davon ab, wie gut der terminliche Ablauf geplant wurde, d.h., ob und wie viel Pufferzeit in die Arbeitspakete eingeplant wurde und ob es möglich ist, die Zeitdauer über die zur Verfügung stehende Pufferzeit hinaus zu verlängern, ohne dass das Projekt oder zumindest Teile des Projektes kritisch werden. Unter Umständen muss der Projektleiter aber auch in Kauf nehmen, dass Prozessreihen kritisch werden, und versuchen, anderswo Zeit einzusparen.

Geht man von dem Ansatz der Termintreue aus, so wird der Projektleiter schrittweise klären, wo er ansetzen kann.

1. Er wird vermutlich als Erstes klären, ob die benötigte Kapazität der überlappenden Arbeitspakete realistisch genau eingeschätzt wurde oder ob die Aufwandanalyse „Luft“ enthielt.
2. Hat er hier keinen Spielraum, so untersucht er, wie weit die kapazitätskritischen Arbeitspakete im Ablauf entzerrt werden können. Ist die Abfolge der Tätigkeiten innerhalb der Pufferzeiten so veränderbar, dass der kritische Pfad nicht erreicht wird?
3. Natürlich sollte sich der Projektleiter auch die Frage stellen, ob es wirklich notwendig ist, dass genau diese(r) Mitarbeiter/-in diese Aufgabe erfüllen muss, oder ob gleichwertige Ressourcen mit freien Kapazitäten verfügbar sind. Oder aber, ob es zwingend notwendig ist, dass die Arbeitspakete im vordefinierten Ablauf stattfinden.

Der Projektplan lebt und ist ständiger Anpassung an die Gegebenheiten unterworfen. Immer wieder stellt sich die Frage: „Kann ich den Ablauf so verändern, dass die als wichtig eingestuften Tätigkeiten termingetreu ablaufen und niedriger priorisierte Tätigkeiten verschoben werden, ohne in generellen Zeitverzug zu geraten?“

> Helfen diese Maßnahmen nicht, muss die Kapazität erhöht werden.

Dies geschieht durch Zuhilfenahme weiterer Ressourcen (wie Fremdfirmen, Überstunden, Urlaubssperre, Mehrschichtbetrieb, zur Verfügungstellung weiterer - temporärer - betrieblicher Ressourcen).
4. Erst wenn auch diese Maßnahmen nicht oder unzureichend greifen, muss die Dauer der betroffenen Arbeitspakete so erhöht werden, dass der kritische Pfad erreicht wird oder gar Meilensteintermine überschritten werden.
Unerfahrene Projektleiter neigen dazu, solche Terminüberschreitungen bereits in der Anfangsphase eines Projektes zuzulassen mit der Begründung „Das holen wir später alles auf“. Natürlich kann das möglich sein, aber in der Regel bleibt die Überschreitungsdauer nie gleich, sondern potenziert sich mit weiterem Fortschreiten des Projektes, da oft genau die Ressourcen nicht mehr oder nicht mehr in ausreichender Kapazität zu Verfügung stehen, die von der Verschiebung abhängiger Arbeitspakete betroffen sind.

> Grundsätzlich gilt: Wehret den Anfängen! Es dürfen niemals schon in frühen Projektphasen kritische Pfade oder gar Meilensteinüberschreitungen zugelassen werden.

Geht man hingegen vom Ansatz der Kapazitätstreue aus, wird also die zur Verfügung stehende Kapazität als unveränderbar betrachtet, und hilft keine andere Maßnahme, so bleibt oft keine Wahl, als den „Canossagang“ anzutreten und um Terminaufschub zu bitten.
Dieser ist dann allerdings genau begründbar und anhand des Termin- und Ressourcenplans nachweisbar und auch nachvollziehbar.

Die Kostenplanung

Das Thema wurde bereits in Kapitel 2 angerissen. In die Kostenkalkulation gehören

- Kosten, die in direktem Zusammenhang mit der Projektdurchführung stehen, darunter fallen:
  - Personalkosten (interne und externe),
  - Maschinenkosten (Anschaffung, Wartung, Leasing),
  - Materialkosten,
  - Kosten für das Projektmanagement (Planung, Controlling, Sitzungen, Telefon, Computer, Datenleitung etc.),
- Umlagekosten, d. h. alles, was anteilig auf das Projekt umgelegt wird (z. B. die Raummiete).

Checkliste Feinstrukturierung Projektstrukturplan

- ☐ Einzelprojekt oder Anwendung Multiprojekttechnik?
- ☐ Haben die Mitarbeiter/-innen Erfahrung in der DV-gestützten Multiprojekttechnik?
- ☐ Wer war an der Erstellung des PSP beteiligt?
- ☐ Wurden deren Ideen und Einwendungen berücksichtigt?
- ☐ Gibt es unternehmensinterne Richtlinien zur Erstellung des PSP und wurden diese eingehalten?
- ☐ Enthält der PSP alle notwendigen Arbeitspakete und Meilensteine in hinreichender Tiefe?
- ☐ Ist der PSP in sich widerspruchsfrei?
- ☐ Aufgaben gemäß Checkliste „Arbeitspakete" definiert?
- ☐ Unterscheidet der PSP zwischen Dauer und Aufwand?
- ☐ Aufwand-/Kostenschätzung von Experten bestätigt?
- ☐ Kosten und Kapazitäten für administrative Aufgaben, Projektmanagement, Sitzungen und Qualitätsmanagement berücksichtigt?
- ☐ Gibt es im Projekt Kapazitätsüberlastungen, und wie soll mit diesen umgegangen werden?

Die Risikoanalyse und das Risikomanagement

Die Beachtung von Risiken beginnt bereits mit der Ideenfindung, und sie endet erst mit dem Projektabschluss.

> Risikoanalyse und -management sind Dauerprozesse über die gesamte Laufzeit des Projektes.

Bereits in der Projektinitiierungsphase sind Risikofaktoren erkennbar, deren Beschreibung Bestandteil des Projektantrags ist. Die Projektakte sollte ebenfalls eine Abschätzung des Unterlassungsrisikos enthalten, also die Frage beantworten, welcher Schaden entstehen könnte, wenn das Projekt nicht durchgeführt wird. Der Umfang der Risikoanalyse nimmt mit zunehmender Laufzeit des Projektes ab, da immer weniger Faktoren zu beurteilen sind.

> Jedes Risiko ist aber gleichzeitig auch immer eine Chance, denn ein Risiko trägt im Kern immer den Zwang zur Verbesserung, zur Optimierung von Prozessen in sich.

Zwar wächst der Leidensdruck innerhalb eines Projektes mit Anzahl und Schwere der Risiken, aber mit ihnen wächst auch die Erfahrung im Umgang damit, und dies ist ein Schatz, den man nicht nur für das laufende Projekt aufbaut, sondern von dem auch andere Projekte profitieren können.
Dokumentieren und bewerten Sie daher Risiken und Chancen in der Projektakte und zeigen Sie nicht nur eine Lösung, sondern auch Lösungsalternativen mit ihren jeweiligen Vor- und Nachteilen.
Die Beurteilung von Chancen und Risiken ist nicht allein Aufgabe des Projektleiters, sondern sollte im Kernteam erfolgen und unter Zuhilfenahme von internen und/oder externen Spezialisten. Ist ein Risiko erst erkannt, so hilft ein Brainstorming mit den Betroffenen zur Lösung.

> Achten Sie auf die Querdenker, die gerade hier einen kreativen Schub auf die Beteiligten ausüben können.

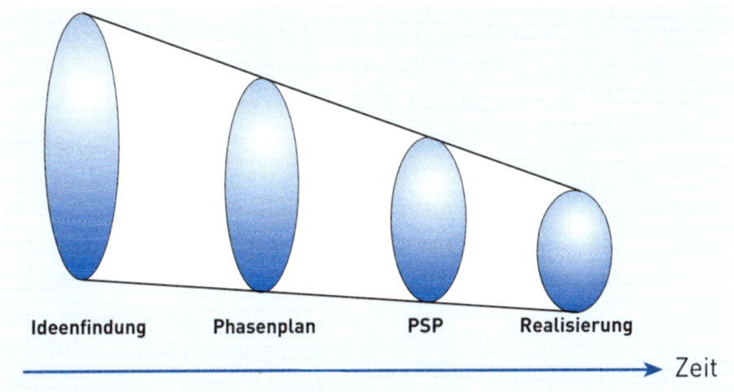

Das Risiko nimmt mit der Projektlaufzeit ab

Welche Risikoarten sollten betrachtet werden?

- Terminrisiken
- Kapazitätsrisiken
- Fachlich-technische Risiken
- Finanzielle Risiken
- Vertragliche Risiken
- Umfeldbedingte Risiken

Fünf Schritte zur Risikoerkennung und Problemlösung

- Schritt 1: Lokalisierung
  Ermitteln Sie die risikobehafteten Arbeitspakete und diejenigen Vorgänge, die mit ihnen in unmittelbarer logischer Abfolge stehen. Stellen Sie fest, um welche Art des Risikos es sich handelt.

- Schritt 2: Bewertung
  Jedes Risiko birgt einen potenziellen Schaden in sich, dessen Höhe entscheidenden Einfluss auf die weitere Vorgehensweise hat. In der Regel können Schäden vorausgesehen werden, wenn sich das Projektteam an – die zu Beginn vereinbarten – Spielregeln hält. So ist beispielsweise ein Terminverzug nicht grundsätzlich bereits ein Schaden,

wenn der Verantwortliche den Projektleiter frühzeitig informiert und ihm somit die Möglichkeit gibt, sofort zu reagieren, in Form einer Was-wäre-wenn?-Analyse einen potenziellen Schaden zu bewerten und rechtzeitig Präventivmaßnahmen einzuleiten.

Wie bewerten Sie einen potenziellen Schaden? Versuchen Sie herauszufinden, welche Verschlechterung im schlimmsten Fall eintreten kann. Ein einleuchtendes Verfahren zur Klassifikation von Risiken ist es, den Zustand des Projektes nach Eintreten der Ergebnisverschlechterung in Form einer Ampel darzustellen.

Beurteilen Sie dann, wie hoch die Eintrittswahrscheinlichkeit ist. Das Risiko ist eine Funktion von Eintrittswahrscheinlichkeit und unkorrigiertem Ergebnis.

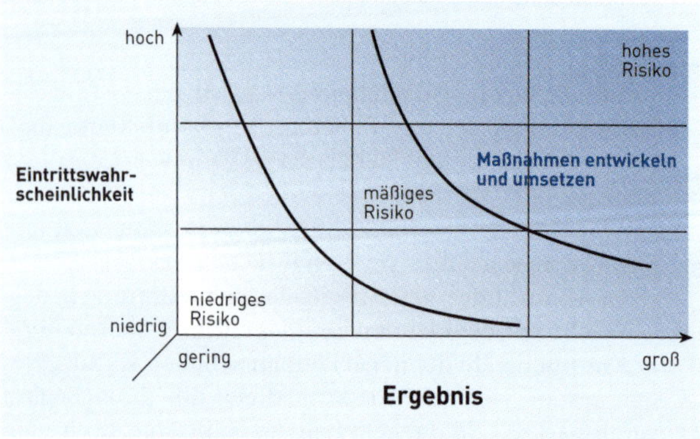

Die Funktion „Eintrittswahrscheinlichkeit“

- Schritt 3: Ursachenanalyse
  Fragen Sie sich als Erstes, was Sie daran hindert, das angestrebte Ziel zu erreichen. Das Erkennen der Ursache legt erst den Grundstein, geeignete Gegenmaßnahmen zu entwickeln.

  Beispiel: Die Ursache ist ein Lieferverzug

  Fragen Sie sich, warum der Lieferverzug eintreten konnte:
  Lag es daran, dass
  - die Bestellung zu spät erfolgte?
  - der Lieferant nicht rechtzeitig liefern konnte?
  - das Arbeitspaket nicht definiert wurde?
  - es keinen Verantwortlichen gab, der wusste, wann er bestellen musste?

  Warum erfolgte die Bestellung zu spät? Lag es daran, dass
  - der Verantwortliche den Termin übersehen hat?
  - der Verantwortliche in Urlaub war?
  - die interne Kommunikation zwischen dem Verantwortlichen und dem zentralen Einkauf nicht funktionierte?

  Wenn der Verantwortliche den Termin übersehen hat, lag es daran, dass ...

  Treiben Sie die Ursachenforschung so weit, bis Sie den auslösenden Faktor lokalisiert haben und Sie wissen, warum etwas passieren konnte.

  Die Ergebnisse der Ursachenforschung wirken sich immer fruchtbar auf den weiteren Projektverlauf aus,
  - wenn es gelingt, Verhaltensweisen zu ändern,
  - Spielregeln zu erlassen oder zu modifizieren und
  - Kontrollmechanismen einzubauen.

- Schritt 4: Toleranzentscheidung
  Der Projektleiter stellt sich die Frage, ob sich der Schaden in einem Bereich bewegt, in welchem er planerisch und fachlich entscheiden kann, oder ob es notwendig ist, die zuständigen Gremien zu informieren und eine Entscheidung herbeizuführen. Sollte das nicht der Fall sein, entwickelt er zuerst einen Katalog möglicher Maßnahmen und präsentiert diesen an geeigneter Stelle. Es gilt, ehrlich und präzise darzustellen, warum es zu dem Schaden kam und welche Auswirkungen zu befürchten sind. Die Dringlichkeit des Problems muss geschildert und klar gemacht werden, dass die Verantwortung an höhere Stelle weitergegeben wird.

- Schritt 5: korrektive und präventive Maßnahmen
  Nach dem Eintritt eines Schadens sind meist nur noch Korrekturen durchführbar. Diese beziehen sich auf den Terminplan, den Ressourcenplan, den Kostenplan und das Umfeld des Projektes. Als Prämisse gilt: Nicht überreagieren und keinen blinden Aktionismus veranlassen! Leiten Sie genau die Korrekturen ein, die zur Behebung des Schadens notwendig sind, und führen Sie diese schnell, konsequent und mit der notwendigen Härte durch. Analysieren Sie die Auswirkungen und ergreifen Sie die präventiven Maßnahmen, die notwendig sind, um ein Folgerisiko so weit wie möglich frühzeitig zu erkennen und dessen Auswirkungen zu minimieren.

- Schritt 6: Kontrolle
  Die Maßnahmen sind in der Projektakte zu dokumentieren und nicht nur den Betroffenen ist die Handlungsweise zu erklären, sondern allen Mitgliedern im Projektteam bzw. im Projektkernteam. Der Verantwortliche muss die Durchführung der eingeleiteten Maßnahmen innerhalb des Projektmanagements hervorheben und Arbeitsanweisungen erlassen, um das Risiko des erneuten Auftretens dieses Schadens zu minimieren.

Denken Sie daran: Risiken sind auch Chancen. Fragen Sie sich stets: „Was hindert uns daran, die Ziele zu erreichen?“, aber auch: „Was hilft uns, die Ziele zu erreichen?“

Checkliste Chancen und Risiken

- ☐ Kennen Sie die Ziele und Teilziele Ihres Projekts, der Phasen und der Arbeitspakete?
- ☐ Wird das Chancen- und Risikomanagement im Projekt gelebt? Sind den Beteiligten die Möglichkeiten bewusst?
- ☐ Werden Risiken und Chancen systematisch nach dem Sechs-Schritte-Modell bearbeitet?
- ☐ Wurden die Erfahrungen ausgewertet und genutzt? Haben die Verantwortlichen aus der Situation gelernt? Werden also neue Risiken und Chancen sofort gemeldet?
- ☐ Wurden Rückstellungen für Risiken gebildet?

Das Qualitätsmanagement

Hinsichtlich des Grundverständnisses von Qualitätsmanagement unterscheiden sich Projekte nicht von den Linienaktivitäten im Unternehmen oder in der Institution. Qualitätsmanagement ist als ganzheitlicher Prozess zu verstehen, der das gesamte Projekt in all seinen Phasen betrifft.
Nicht durchgängig wird von dem Qualitätsbegriff ausgegangen, auf den DIN ISO 9000 aufsetzt, man findet vielmehr in der Praxis ein vielfältiges Verständnis von Qualität:

- Qualität kann ein persönliches Erleben beschreiben und das nicht messbare, weil individuelle Wie und Was im Gegensatz zur Quantität meinen.
- Qualität kann aber auch messbaren Größen unterliegen, wenn das Ziel des Projektes beispielsweise ein Produkt ist.

Dies wird auf der folgenden Magazinseite vertieft.

Qualitätsmanagement

Ansätze von Qualitätsverständnis sind:

- produktbezogener Ansatz,
- prozessbezogener Ansatz,
- kundenbezogener Ansatz,
- wertbezogener Ansatz.

Für Projekte bietet sich oft der kunden- bzw. auftraggeberbezogene Ansatz an. Danach ist Qualität das Ausmaß der Anpassung an die Wünsche des Auftraggebers, die sich im Projektauftrag niederschlagen.

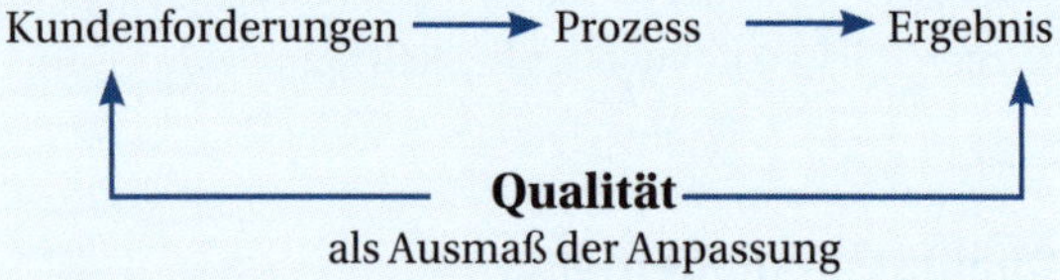

Qualitätsmanagement hat sich in Stufen entwickelt:

❶ von der bloßen Qualitätskontrolle über
❷ Qualitätssicherung und
❸ Qualitätsmanagement bis zum
❹ Total Quality Management

Im Sinne eines Total Quality Management (TQM) ist äußerst starke Kundenorientierung gewünscht, die ein immer stärker werdender verkaufsentscheidender Faktor in der Unternehmensphilosophie wird.

Nach diesem Grundverständnis ist im Projekt Qualitätssicherung wichtig, um

- den Kunden/Auftraggeber zufriedenzustellen,
- die innerbetrieblichen Prozesse permanent zu analysieren und zu verbessern,
- die Kosten im Griff zu behalten,
- Zufriedenheit und Motivation der Mitarbeiterinnen und Mitarbeiter zu erhalten und zu steigern,
- (Projekt-)Risiken zu minimieren und nicht zuletzt
- das Standing des Unternehmens zu halten/verbessern.

Auf diese Weise dient TQM dazu, im Wettbewerb konkurrenzfähig zu bleiben.

Qualität im Verhältnis zu den anderen Anforderungen

In der üblichen planerischen Betrachtung konzentriert sich Projektmanagement darauf, wie die Projektziele im vorgegebenen Zeitrahmen und mit dem vorgegebenen Mitteleinsatz realistisch erreicht werden können.

Im magischen Planungsdreieck ist jedoch auch der Begriff Qualität enthalten. Die geforderte Qualität der Arbeitsleistung und somit des Endproduktes steht von Anfang an gleichberechtigt neben den anderen Anforderungen.

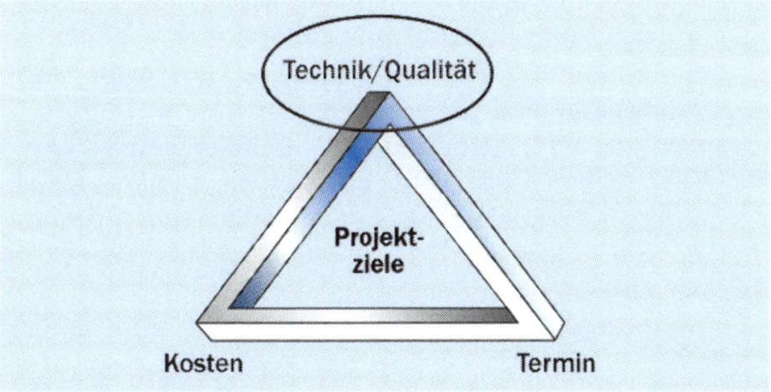

Wie adaptieren Projektleiter die Anforderungen zur Qualität auf ihr Projekt?
Diese Frage ist nicht allgemeingültig zu beantworten; zu sehr unterscheiden sich Projekte voneinander. Es ist ein immenser Unterschied, ob es sich um eine Produktentwicklung, um ein Marketingprojekt, eine Serienfertigung, um eine Softwareerstellung oder noch etwas Anderes handelt. Je nach Anforderung des Umfelds müssen entsprechende Teile der DIN ISO 9000 berücksichtigt werden, aber es kann ebenso ein anderer Kriterienkatalog gefordert sein.
Ein entscheidender, weil qualitätssichernder Faktor in Projekten ist das Änderungsmanagement, auf das in Kapitel 6 noch eingegangen wird.

Checkliste Qualitätsmanagement

- ☐ Wurden mit dem Auftraggeber Qualitätsmerkmale und Richtlinien vereinbart und schriftlich fixiert?
- ☐ Wurden Messgrößen für die Qualität des Projektziels vereinbart?
- ☐ Orientiert sich die Qualität des Projektergebnisses am Bedarf?
- ☐ Wurde ein Qualitätsbeauftragter ernannt?
- ☐ Ist das Projektteam über die angestrebte Qualität informiert und fühlt es sich mitverantwortlich?
- ☐ Wurden Kontrollmeilensteine eingerichtet, zu denen die Einhaltung der Arbeitsqualität überprüft wird (sinnvoll am Ende einer Phase)?
- ☐ Sind zu Projektreviews der Lenkungsausschuss, Fachleute und Gutachter geladen, die im Sinne eines Audits untersuchen, ob die Ergebnisse den Anforderungen entsprechen?

Auf den Punkt gebracht

- Die Feinstrukturierung des Projektstrukturplans beginnt mit der Terminplanung. Beim Einzelprojekt entscheidet der Projektleiter, bis zu welcher Ebene die zeitlichen Einheiten heruntergebrochen werden sollen.

- Für mehrere Projekte wird entweder ein Gesamtplan erstellt oder mit Multiprojekttechnik gearbeitet. Dies ist ohne Projektmanagement-Software kaum beherrschbar. Der Ablaufplan muss die Abhängigkeiten berücksichtigen und die Daten der Projekte sind zu integrieren.

- Die Ressourcenfeinplanung vollzieht sich auf zwei Ebenen: Die Verfügbarkeit der Ressourcen ist eine Frage der Abstimmung, die Planung der Kapazität erfordert kalkulatorische Erfahrung, um Grundlasten, Ausfallzeiten und Sonstiges realistisch anzusetzen. Als Hilfsmittel bieten sich Netzplan und Gantt-Chart an, besser noch geeignete Software mit passenden Filtern.

- Typisches Kernproblem der Ressourcenplanung ist die Vermeidung von Überlasten innerhalb der Rahmenbedingungen. Nach Möglichkeit soll auch ohne Erreichen der kritischen Pfade, d. h. mit Puffern, geplant werden.

- In diesem Stadium stellt sich die Kostenplanung meist nur noch als Auffächerung des bei der Projektverabschiedung zugrunde gelegten Budgets dar.

- Die Steuerung des Projekts vollzieht sich in Verbindung mit der ständigen Risikoanalyse einerseits und nach Maßgaben eines Qualitätsmanagements andererseits.

4 Der Mensch im Projekt

Führungsrollen und -anforderungen im Projekt

Besonderes Kennzeichen ist in jedem Projekt die Führung auf Zeit. Darüber hinaus ergeben sich weitere Besonderheiten aus der jeweiligen Organisationsform. Bleiben Mitarbeiter etwa parallel in der Linie tätig, müssen sie „zwei Herren dienen“, was Konfliktpotenzial beinhaltet und ggf. besonderen Konfliktmanagements bedarf. In jedem Fall stellen die verschiedenen Situationen und Rollen unterschiedliche Anforderungen an Führungsaufgaben. Nachfolgend sind wichtige Führungsrollen und deren Führungsverantwortung unter dem speziellen Blickwinkel des Projekts beschrieben, wobei eine (typischerweise anzutreffende) Matrixorganisation unterstellt wird.

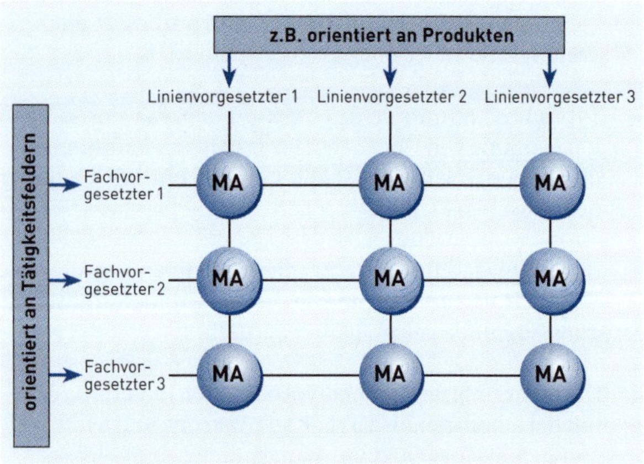

Veranschaulichung der Matrixorganisation in Projekten (MA= Mitarbeiter/-in)

Der Linienvorgesetzte

- ist für personelle Führung in seinem Aufgabenbereich verantwortlich (Mitarbeiter auswählen, beurteilen, fördern),
- hat Weisungs- und Anordnungsbefugnis in allen Personalangelegenheiten der ihm unterstellten Mitarbeiter,
- ist verantwortlich für arbeitsrechtliche Grundsatzangelegenheiten,
- trägt Budgetverantwortung,
- übernimmt Controllingfunktion und
- hat eher Methodenwissen (muss kein Fachspezialist sein).

Er ist eher als Universalist gefragt, der fachspezifische Aufgaben delegiert, er

- gibt Rahmenbedingungen und Zielvorgaben vor bzw. vereinbart diese idealerweise gemeinsam mit seinen Mitarbeitern,
- hat Informationsverantwortung nach allen Seiten,
- koordiniert wichtige Schnittstellen und
- sollte idealerweise im Rahmen seiner Führungsrolle eine Coachingfunktion übernehmen.

Diese Doppelfunktion – disziplinarischer Vorgesetzter (mit Sanktionsmöglichkeiten) und Coach (Berater, ohne Sanktionsmöglichkeiten) – ruft jedoch nicht selten ein Spannungsfeld hervor, in dem es je nach Situation abzuwägen gilt, welche Rolle dominiert bzw. wie die Rollen in Einklang zu bringen sind.

Der Fachvorgesetzte

- ist für die fachliche Führung in seinem Aufgabenbereich verantwortlich, d. h., er hat Entscheidungskompetenzen in allen fachspezifischen Angelegenheiten,
- hat Personalverantwortung im Rahmen seines Fachbereichs, jedoch keine disziplinarische Weisungsbefugnis,
- trägt Budgetverantwortung,
- legt fachliche Rahmenbedingungen und Zielsetzungen fest bzw. vereinbart sie gemeinsam mit seinen Mitarbeitern,
- koordiniert notwendige Schnittstellen und
- hat Informationsverantwortung nach allen Seiten.

Der Besprechungsleiter/Moderator

- führt, steuert eine Diskussion bzw. Zusammenkunft (Meeting),
- ist kein inhaltlicher Experte, sondern bietet der Gruppe sein spezifisch methodisches Wissen an,
- muss den Gruppenprozess steuern und hat somit Prozessverantwortung, jedoch nicht Inhaltsverantwortung,
- vertritt keine eigene Meinung, stellt eigene Vorstellungen zurück und bewertet keine Meinungen,
- ist darum bemüht, alle Gruppenmitglieder aktiv in die Arbeit einzubeziehen, d. h., auch Mindermeinungen Gehör zu verschaffen,
- achtet darauf, dass Entscheidungen durch Überzeugen und nicht nur durch Überstimmen zustande kommen.

Führungsstile

Vier Führungsstile können – abhängig vom Reifegrad des zu coachenden Mitarbeiters oder der zu führenden Gruppe – eingesetzt werden:

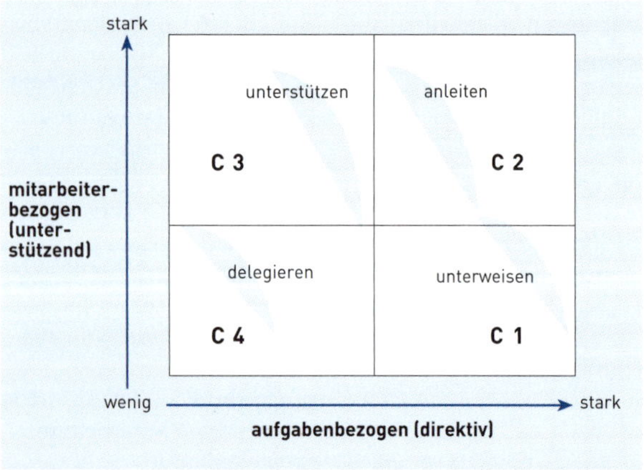

Grundsätzliche Führungsstile

Unterweisen

Die Unterweisung ist stark aufgabenbezogen und wenig mitarbeiterbezogen. Dieses Führungsverhalten ist durch eindeutige Anweisungen an den Mitarbeiter gekennzeichnet.

> Der „Reifegrad" des Mitarbeiters ist in diesem Fall sehr gering, d. h., er/sie hat wenig Wissen, Engagement und Selbstvertrauen bezüglich der Aufgabe.

Die Führungskraft richtet daher ihre Beeinflussung sehr stark an der Aufgabe des Mitarbeiters aus. Die Beziehung steht nicht im Vordergrund.

Anleiten

Anleiten ist gleichermaßen stark aufgabenbezogen und stark mitarbeiterbezogen.

> Der/die Vorgesetzte sollte sein/ihr Team oder einzelne Mitarbeiter/-innen anleiten, wenn die Fähigkeiten noch gering ausgeprägt sind, die Leistungsbereitschaft, bezogen auf die Aufgabe, jedoch hoch ist.

Der Vorgesetzte leitet und überwacht die Aufgabenbewältigung des Mitarbeiters oder des Teams noch stark. Allerdings sollte er/sie aufgrund des starken Mitarbeiterengagements Vorschläge der Gruppe oder von Mitarbeitern einholen und Entscheidungen besprechen. Bereits erkennbare Fortschritte sollen verstärkt werden, um das starke Engagement zu erhalten.

Unterstützen

Dies ist wenig aufgaben-, aber stark mitarbeiterbezogen.

> Verfügen das Team oder Einzelne zwar über ein hohes Maß an Fähigkeiten und Fertigkeiten zur Aufgabenbewältigung, aber ist das Engagement für einen bestimmten Auftrag gering, so ist unterstützendes Verhalten notwendig.

Der Vorgesetzte muss zunächst analysieren, ob Unterstützung nötig ist. Unterstützen bedeutet, den Mitarbeitern bei Entscheidungen Hilfestellungen zu geben, sie zu ermutigen und zu fördern. Diese Art des Führungsverhaltens ist besonders wichtig, wenn es darum geht, Schwierigkeiten der Gruppe oder einzelner Mitarbeiter, die sich auf die Tätigkeit auswirken, sinnvoll zu bewältigen, seien sie arbeitsbedingt oder privat. Dieses Vorgehen ist aus Sicht der Personalpflege besonders wichtig.

Delegieren
Delegieren ist gleichermaßen wenig aufgabenbezogen und wenig mitarbeiterbezogen. Dieser Führungsstil zeichnet sich dadurch aus, dass der Vorgesetzte seinen Mitarbeitern die Verantwortung für die zu lösenden Probleme und für zu treffende Entscheidungen voll überträgt.

> Dieser Stil ist angebracht, wenn der einzelne Mitarbeiter oder das Team sehr hohe Fähigkeiten besitzt und bezüglich der Aufgabenstellung sehr stark engagiert ist.

Teamentwicklung

Jede Projektarbeit erfolgt in einem speziell für das Projekt gebildeten Projektteam, so dass die Leitung eines Projekts oder eines Teilprojekts immer auch Teammanagement ist. Dabei müssen Projekt- und Gruppenleiter in Rechnung stellen, dass sich das Team für das Projekt frisch konstituiert oder zumindest verändert hat. Zu bedenken ist:

> In neuen und in personell veränderten Teams vollzieht sich regelmäßig ein Prozess der Teamentwicklung in konkreten Phasen.

Die vier typischen Phasen, in die eine Teamentwicklung normalerweise eingeteilt wird, sind auf der Magazinseite S. 88/89 dargestellt.

Störfaktoren bei der Teamarbeit

Mangelnde Teamentwicklung führt manchmal zu unbefriedigenden Teamentscheidungen.
Wesentliche Gründe sind:

- Mangelnde oder fehlende Kommunikation: Es redet mehr als eine Person zu gleicher Zeit. Die anderen können die Botschaft nicht verstehen. Teammitglieder mit weniger Durchsetzungsvermögen oder geringeren rhetorischen Fähigkeiten kommen nicht zu Wort und verzichten darauf, ihre Argumente einzubringen. Informationen und Argumente gehen verloren.
- Autoritätsprobleme: Die Aufmerksamkeit gegenüber einem Teammitglied wird oft durch dessen hierarchische Stellung beeinflusst. Mängel an Fachkenntnissen, Informationen und Argumenten werden verdeckt, dafür gewinnen sach- und problemfremde Momente Einfluss und verschlechtern nicht nur den Entscheidungsprozess, sondern hemmen Motivation und Kommunikation.
- Beziehungsprobleme: Werden Beziehungsprobleme zwischen Teammitgliedern ignoriert, so kann dies dazu führen, dass Informationen und Argumente nicht gehört oder berücksichtigt werden. Beziehungsprobleme werden auf die Inhalts- und Sachebene übertragen.
- Entscheidungen: Oft wird in Projekten unwichtigen Entscheidungen zu viel Aufmerksamkeit gewidmet. Legen Sie den Fokus auf die Entscheidungen, die zur Durchführung des Projektes essenziell sind.
- Äußerung von abweichenden Meinungen: Wie an mehreren Stellen erwähnt, ist es für den kreativen Prozess im Projekt unerlässlich, auch Querdenkertum zuzulassen. Oft werden geniale Einfälle von anderen Teammitgliedern lächerlich gemacht und somit geopfert. Man hat dann nicht mehr den Mut, das Potenzial an Fantasie und Kreativität für ungewöhnliche Problemlösungen zu nutzen. Es mangelt an konstruktiver Konfliktbereitschaft.

Phasenverlauf bei der Teamentwicklung

Eine Gruppe von Menschen, die miteinander arbeitet, sich austauscht, Gemeinsames erlebt, erarbeitet sich über die Zeit eine wechselvolle Geschichte. Das Team entwickelt sich. Diese Entwicklung ist nicht beliebig, sondern die – systematischen und und wissenschaftlich fundierten – Erfahrungen zeigen, dass man vier verschiedene typische Phasen unterscheiden kann.

Phase I: Orientierung

- Mäßiger Arbeitseifer bei hohen Erwartungen
- Ängste: Wo ist mein Platz im Team? Was wird von mir erwartet?
- Abtasten der Situation
- Noch Abhängigkeiten von Autorität und Hierarchie
- Bedürfnis, sich im Team einzugliedern und eine bestimmte Position einzunehmen

Phase II: Frustration

- Wahrnehmung einer Diskrepanz zwischen Hoffnung und Realität
- Unzufriedenheit wegen der eigenen Autoritätsabhängigkeit
- Frust: Streit um Ziele, Aufgaben und Aktionspläne
- Gefühl von Orientierungslosigkeit und Inkompetenz
- Negative Reaktionen gegenüber Leitern und anderen Teilnehmern
- Konkurrenz um Machtpositionen und/oder Aufmerksamkeiten
- Erleben von Polaritäten: Abhängigkeit und Gegenabhängigkeit

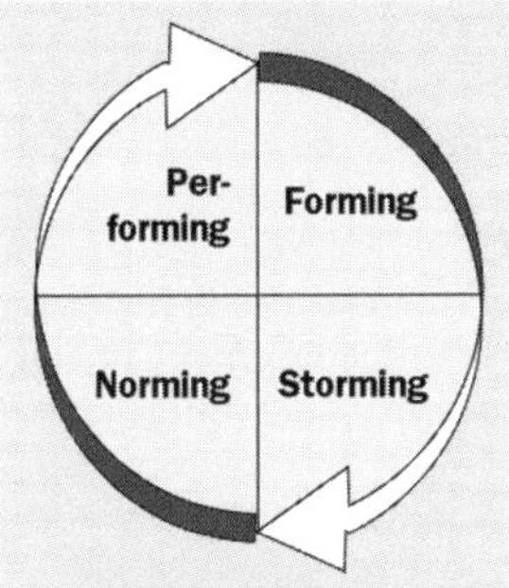

In der Literatur werden die Phasen nicht ganz identisch beschrieben und auch unterschiedlich bezeichnet. Das nebenstehende Bild veranschaulicht eine zweite Variante mit recht anschaulichen Phasenbezeichnungen

Phase III: Aufbruch

- Abnehmen der Unzufriedenheit
- Überbrückung der Kluft zwischen Erwartung und Realität
- Überwindung von Polarisierungen und Schuldzuweisungen
- Entwicklung von Übereinstimmung, Vertrauen, Hilfsbereitschaft und Respekt
- Entwicklung von Selbstvertrauen und Zuversicht
- Offener Umgang miteinander und vermehrtes Feed-back
- Teilen von Verantwortung und Kontrolle
- Entwickeln und Gebrauch einer Teamsprache

Phase IV: Produktion

- Freude darüber, im Team mitarbeiten zu können
- Kooperatives Zusammenarbeiten im gesamten Team und in Untergruppen
- Erlebnis: „gemeinsam sind wir stark“
- Selbstbewusstsein – offenes Herangehen an die Aufgaben
- Abwechselndes Führen
- Stolz auf erfolgreich gelöste Aufgaben
- Hohes Leistungsniveau

Konsequenzen zu den Störfaktoren

Das bei den aufgeführten Störfaktoren jeweils abzustellende Verhalten scheint auf der Hand zu liegen und es ließe sich dazu eine Reihe einfacher Regeln formulieren. Dahinter verbirgt sich jedoch vielfach die nicht zu unterschätzende Dynamik einer Gruppe, so dass Teamleiter/-innen nur empfohlen werden kann, sich entsprechend in Teammanagement zu qualifizieren. Zumindest braucht man Sensibilität für die aufgeführten Störfaktoren.

Konfliktbearbeitung

Möglicherweise haben Sie bei den Störfaktoren das Thema Konflikt vermisst – es wurde ausgespart, weil in einem eigenen Abschnitt darauf eingegangen werden soll. Konflikte ergeben sich nicht nur innerhalb des Teams, sondern auch im Umfeld des Projekts und seiner Gremien. Sie sind an sich kein Störfaktor, sie werden zu einem, wenn sie nicht erkannt werden, weil das gute Klima (vermeintlich) nicht gefährdet werden soll.
Es liegt aber etwas schief im Team oder in der Kommunikation allgemein, wenn man ängstlich darauf bedacht ist, Argumente, Informationen und Meinungen zu vermeiden, die vielleicht einen Konflikt heraufbeschwören könnten. Denn Konflikte können für bessere Teamentscheidungen sogar konstruktiv sein, vorausgesetzt, sie werden angemessen bearbeitet!

Rollen bei der Konfliktlösung

- Moderator/-in: Er/sie lässt die Konfliktparteien so viel wie möglich selbst an Lösungen arbeiten und kann Hilfe anbieten, so dass die Parteien wieder die Konfliktmechanismen aktivieren, mit denen sie selbst nicht mehr weitergekommen sind. Er/sie kann helfen, dass die Kontrahenten aus dem Konflikt lernen und konstruktiv an der Bewältigung der Gegensätze arbeiten.
- Prozessbegleiter/Berater: Er/sie bietet Hilfe beim Analysieren und Verbessern der Kommunikation zwischen den Parteien. Er/sie wird vor allem beim Präsentieren von Kon-

fliktlösungsmethoden direktiv vorgehen. Besondere Fähigkeiten sind notwendig, um gestörte Beziehungen zu entkrampfen und eine Vertrauensbasis zu schaffen.

- Vermittler/-in: Er/sie geht davon aus, dass die Parteien von sich aus keine Möglichkeit der Annäherung mehr wahrnehmen. Darum wird eine Vermittlung benötigt, um mit den Parteien getrennt über Lösungsmöglichkeiten zu verhandeln.
- (Schieds-)Richter/-in: Bei einem „Richterspruch" wird jede mögliche Lösung von den Parteien durch eine von außen kommende Entscheidung ersetzt.

Moderation von Konflikten

Treten Konflikte unter Mitarbeitern auf, arbeiten die Beteiligten meist uneffektiv, werden im Extremfall sogar handlungsunfähig. Falls die Beteiligten nicht in der Lage sind, den Konflikt untereinander zu bearbeiten, muss ein interner oder externer Moderator einspringen, um eine Konfliktlösung herbeizuführen. Er organisiert den Informationsaustausch der Betroffenen, öffnet Türen, räumt Blockaden aus dem Weg. Er macht Ziele und Meinungen aller Beteiligten sichtbar, macht Unterschiede und Gemeinsamkeiten bewusst. Er weckt Vertrauen, um gemeinsames Handeln zu ermöglichen.

Checkliste Analyse von Gruppen- und Teamprozessen

- ☐ Wer treibt den Teamprozess?
- ☐ Wie werden Entscheidungen gefällt?
- ☐ Wie gehen wir mit Störungen um?
- ☐ Gibt es Außenseiter?
- ☐ Wer achtet auf die Zielverfolgung?
- ☐ Wer sorgt für ein gutes Arbeitsklima im Team?

5 Die Projektsitzungen richtig führen

Optimierung dieses wichtigen Instruments

Es ist nahezu eine Selbstverständlichkeit, dass in einem Projekt regelmäßig wiederkehrende Besprechungen (Meetings) durchgeführt werden. Sie dienen dazu,

- den aktuellen mit dem geplanten Stand zu vergleichen,
- den weiteren Projektverlauf zu diskutieren und festzulegen,
- Probleme einzugrenzen und zu lösen,
- Ziele zu kontrollieren und evtl. zu modifizieren.

In den meisten Projekten ist die Zeit knapp. Verfallen Sie daher nicht in Sitzungsmanie und halten Sie niemand durch unnötige Meetings von seiner eigentlichen Aufgabe ab.

Wenn Sie als Projektleiter von Mitarbeitern um eine zusätzliche Besprechung gebeten werden, nehmen Sie diesen Wunsch bitte durchaus ernst, fragen Sie jedoch, ob diese Besprechung wirklich notwendig ist. Zur Strukturierung und zur Erleichterung der Dokumentation bietet es sich an, mit Sitzungsformularen zu arbeiten.

Gute Vorbereitung ist der erste Schritt zum Erfolg

Führen Sie eine Sitzung nie aus dem Stegreif durch, sondern legen Sie im Vorfeld

- die Tagesordnungspunkte,
- das Besprechungsziel und
- den Zeitrahmen

fest, informieren Sie die Teilnehmer/-innen und lassen Sie diesen die notwendigen Unterlagen zukommen. Denken Sie an die organisatorischen Vorbereitungen (z. B. Raum buchen,

Flipchart, Beamer etc. bereitstellen, Getränke bringen lassen). Wer in der Sitzung für etwas verantwortlich ist, sollte im Vorfeld Fragen formulieren, mit denen er bestimmte Themenbereiche eröffnen und Interaktionen steuern will. Ein guter Teamleiter weiß bereits vor der Besprechung, von wem er welche Rückmeldung zum Iststand von Aktivitäten erwartet.

Studieren Sie im Vorfeld den Projektplan, filtern Sie die Aktivitäten heraus, die zum Zeitpunkt der Projektsitzung noch nicht erledigt sind, und beurteilen Sie die Qualität der Aktivitäten.

Sehr hilfreich ist es auch, in der Sitzung den Projektplan, sofern er mittels einer Software erstellt wurde, zu projizieren und den Besprechungsteilnehmern unmittelbar die Konsequenz ihrer Aussagen vor Augen zu führen.

Der Moderator entscheidet über den Erfolg

Moderation heißt einerseits, die Fäden in der Hand zu halten, andererseits aber Kreativität, Gedankenaustausch und Querdenkertum nicht im Keim zu ersticken.

Aufgabe des Moderators ist es, den aktuellen Status zu Beginn des Meetings zu beschreiben, Aufgaben und Probleme innerhalb des Projektes und seiner Beziehung zum Umfeld aufzuzeigen und den Teilnehmerkreis für eine gemeinschaftliche Lösungserarbeitung zu sensibilisieren. Der Moderator darf dabei keine persönlichen Aversionen gegen bestimmte Teammitglieder offen zur Schau stellen, er muss Diskussionsbeiträge zulassen, würdigen und für eine gemeinschaftlich akzeptierte Formulierung der Ergebnisse sorgen. Er ist grundsätzlich kompromissfähig, sofern das Projektziel oder Teilziele nicht gefährdet werden.
Sie kennen die Aussage: „Man kann über alles reden, nur nicht über 15 Minuten!“ Deshalb gilt:

Beenden Sie unnötige Diskussionen und Monologe frühzeitig und kehren Sie zum roten Faden zurück.

Achten Sie aber auf das erhöhte Konfliktpotenzial und darauf, dass Konflikte nicht unter der Oberfläche weiterschwelen. Viele Konflikte lösen Sie bereits durch eindeutige Aussagen und Aufgabenzuordnung.

Lassen Sie nie den Satz zu: „O.k., wir kümmern uns darum." Zu einer Aufgabe gehören immer ein Verantwortlicher und ein Erledigungsdatum.

Das Ergebnis ist die Messlatte für den Sitzungserfolg

Grundsätzlich: Ergebnisse müssen protokolliert werden.

Formulieren Sie Regeln, in welcher Form Sitzungsprotokolle zu führen sind und wie deren Ergebnisse kommuniziert werden.

Wo ein Intranet verfügbar ist, bietet sich an, die Protokolle in zentralen Ordnern abzulegen, auf welche die Projektmitglieder Zugriff erhalten. Gleiches gilt für offene Punkte und zu erledigende Aufgaben. Hoffen Sie nicht auf freiwillige Protokollführer, sondern legen Sie die Protokollantenfolge im ersten Meeting fest (z. B. alphabetisch).

Das Ergebnis des Meetings muss sein:

- Jeder kennt den aktuellen Stand der Dinge.
- Aufgaben und die Erledigung offener Punkte sind beschrieben, zugeordnet und terminiert.
- Jeder weiß, wann offene Punkte, die nicht terminiert werden konnten, wieder zur Sprache gebracht werden.
- Jeder weiß, wann das Protokoll zur Verfügung steht.
- Jeder weiß, wann das nächste Meeting stattfindet.
- Jeder verlässt das Meeting mit dem Gefühl, dass etwas geleistet wurde.

6 Allgemeine Projektüberwachung

Ständiges Veränderungs-, Risiko- und Qualitätsmanagement

Kein Projektplan ist statisch. Projektplanung und -abwicklung sind iterative Prozesse.

Jedes Projekt läuft nur so gut, wie es die erreichten Ergebnisse sind. Diese müssen ständig an der Realität gemessen werden, damit Aussagen über den Projektstand möglich sind.

Überprüft wird die Qualität des Erreichten, um bei Soll-Ist-Diskrepanzen frühzeitig den weiteren Projektverlauf zu beurteilen und Risiken abzuschätzen. Kernpunkt ist der permanente und qualifizierte Informationsfluss. Für die Weitergabe von Informationen sollten bestimmte Spielregeln gelten. Nur: Die Weitergabe von Daten ist noch keine Information, mit der zielgerichtet umgegangen werden kann. Erst die Relevanz der Daten und der Abgleich mit anderen Informationen ermöglichen es, die Güte der Information zu beurteilen und daraus planerische Maßnahmen abzuleiten. Projektüberwachung ist ständiges Veränderungs-, Risiko- und Qualitätsmanagement.

Projektüberwachung bedarf eindeutig definierter Informations- und Kommunikationsprozesse. Projektüberwachung muss gelebt werden, und zwar von allen Beteiligten.

Fragen, die man sich immer vor Augen halten sollte, sind:

- Sind wir noch termintreu?
- Sind wir noch kostentreu?
- Decken sich bisherige Ergebnisse und Zielvorgaben?
- Führen die eingeleiteten Maßnahmen dazu, dass wir auf dem richtigen Weg bleiben?

- Wie hoch ist die Wahrscheinlichkeit, dass wir das anvisierte Projektziel erreichen?

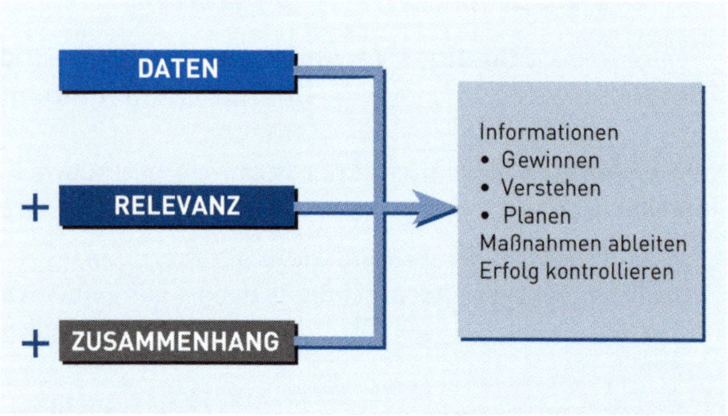

Ziel: Business Intelligence

Im Veränderungsmanagement ist zu klären:

- Welche Informationen sind notwendig?
- Wann und wie werden Informationen kommuniziert?
- Wie werden Informationen bewertet?
- Wie werden die Informationen verarbeitet?
- Welche Konsequenzen ergeben sich aus den Informationen?
- Wie werden Konsequenzen verarbeitet und kommuniziert?

Die Überwachung erfolgt im Projektcontrolling, worauf im nächsten Kapitel ausführlich eingegangen wird.

Auf den Punkt gebracht

- Die Steuerung von Projekten ist – selbstredend – nicht nur eine Sache der Planung, sondern der Mensch hat eine zentrale Rolle im Projekt. Soweit Projekte in Matrixorganisation angelegt sind, unterstehen die Projektmitarbeiter (disziplinarisch) einem Linienvorgesetzten und (fachlich) einem Fachvorgesetzten.

- Projekt- und weitere Teamleiter/-innen müssen kompetent führen können und den Führungsstil den jeweiligen Aufgaben und den Kompetenzen sowie dem Engagement der Mitarbeiter anpassen. Dabei kann Unterweisen, Anleiten, Unterstützen oder Delegieren im Vordergrund stehen.

- Besonderes Augenmerk ist auf die Gruppendynamik zu richten, um Störfaktoren zu verringern, bei der Konstitution des Teams sind die Phasen der Teamentwicklung zu beachten und Konflikte angemessen zu bearbeiten.

- Eine herausragende Rolle spielen die Projektsitzungen, die gut vorbereitet werden und im Sinne einer Moderation geleitet werden müssen. Unerlässlich ist die Protokollierung, denn die Protokolle dienen als Arbeitsinstrumente, weshalb dafür feste Standards geschaffen werden sollten.

- Kein Projektplan ist statisch, die Steuerung erfolg zyklisch. Das erfordert ständige Überwachung mit einem entsprechenden Informationsfluss.

7 Projektcontrolling

Entscheidungs- und Steuerungsgrundlagen

Wie bei einer Geschäftstätigkeit in der Linie sind in jedem Projekt mehrere Bereiche zu überwachen und zu steuern. Die Instrumente sind im Wesentlichen gleich.
Die Zielstellungen in den jeweiligen Bereichen sind natürlich für das Projektcontrolling an die Merkmale von Projekten anzupassen. Man kann sechs Bereiche unterscheiden:

❶ **Strategisches Controlling**
Das strategische Controlling weist über das Einzelprojekt hinaus: Hier sind die Priorität und die strategische Bedeutung des Projektes im Rahmen des unternehmerischen Projektportfolios zu betrachten.
Ferner ist durch geeignete Maßnahmen sicherzustellen, dass der Erfolg gewährleistet wird und die Projektaufträge und die Projektziele bei einer eventuellen strategischen Neuausrichtung entsprechend modifiziert werden.

❷ **Operatives Controlling**
Das operative Controlling findet auf der Projektebene statt und befasst sich im Wesentlichen mit den projektbezogenen Kosten und Investitionen. Es stellt die Entwicklung des Projektbudgets dar.

❸ **Nutzencontrolling**
Das Nutzencontrolling ist ein permanenter Analyseprozess von Effizenz, Risiko, Chancen und Effektivität, in welchem die Frage nach dem Sinn des Projektes nicht tabuisiert werden sollte. Man unterscheidet

- messbaren Nutzen wie Qualität, Funktionalität, Umsatzveränderung durch das Projekt, Marktanteile
- und nicht messbaren Nutzen wie Einflüsse auf Wohlbefinden und Image.

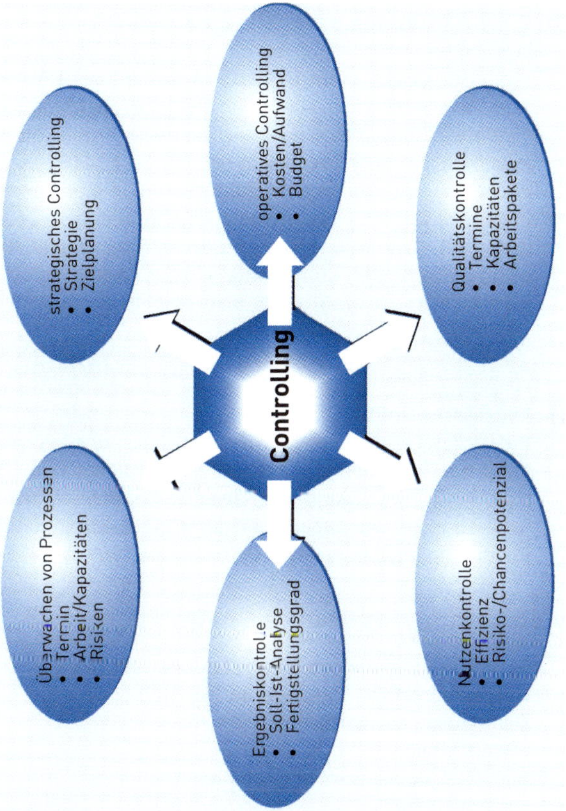

Überblick über die Bereiche des Projektcontrollings

❹ Qualitatives Controlling

Auch das qualitative Controlling erfolgt als permanenter Prozess durch den Projektleiter im Sinne der Qualitätsrichtlinien für Zielerreichung, Realitätsbezug, Korrektheit der Durchführung.

❺ **Ergebniscontrolling**
Das Ergebniscontrolling ist ein periodisch wiederkehrender Prozess der Soll-Ist-Analyse anhand des Termin- und Meilensteinplans sowie der Aufwands- und Kapazitätsentwicklung. Besonders wichtig ist es, frühzeitig zu erkennen, wie sich das Projekt bei Soll-Ist-Diskrepanzen entwickelt. Im Projekt entstehen stets neue Risiken und Probleme, das Umfeld stellt neue oder veränderte Anforderungen, neue Mitarbeiter/-innen kommen hinzu, bewährte Mitarbeiter/-innen verlassen das Projekt, Spielregeln ändern sich, die Motivation nimmt ab oder zu.

Alle diese Prozesse sollten genauestens betrachtet werden, denn sie haben entscheidenden Einfluss auf das Projekt.

❻ **Prozesscontrolling**.
Im Prozesscontrolling steht das Einhalten der Feinplanung mit Terminen und Ressourcen (Arbeiten und Kapazitäten) im Vordergrund. Um alle Bereiche zu kontrollieren und im Auge zu behalten, müssen sinnvolle Informationen fließen.

Welche Informationen sind notwendig?

Zu den controllingrelevanten Informationen gehören
- Daten über den Ist-Zustand von Aktivitäten,
- Daten über sonstige projektbezogene Aufgaben und
- offene Punkte.

Ferner zählen dazu Informationen über
- das Projektteam,
- Konflikte,
- neue Teammitglieder (vielleicht Ersatz) und selbstverständlich
- geänderte Verantwortungsbereiche.

Diese Fakten ermöglichen es dem Projektleiter, die zukünftigen Entwicklungen innerhalb seines Projektes vorwegzunehmen und eventuell notwendige Maßnahmen frühzeitig einzuleiten.

Rückmeldung aktueller Daten aus der Bearbeitung von Aktivitäten

Ein Arbeitspaket wird durch (mindestens) die folgenden Angaben definiert:

- Anfang,
- Dauer,
- Ende,
- Einschränkungen,
- Beziehungen zu anderen Aktivitäten,
- Ressourcen,
- Aufwand und
- Kosten.

> Jede Veränderung gegenüber dem letzten gültigen Planungsstand ist meldepflichtig! Meldungen sind in der Regel Bringschulden (Push-Prinzip).

Das gilt für jeden Verantwortlichen, gleichgültig auf welcher Hierarchieebene er steht. Dabei ist auch unwichtig, ob die Schuld mündlich, telefonisch oder zum Beispiel öffentlich in den Projektordnern erbracht wird. Der Einsatz von Projektmanagement-Software unterstützt das Push-Prinzip.
In der Realität versäumen die Verantwortlichen der Arbeitspakete jedoch oft ihre Bringschuld, beispielsweise weil sie die Auswirkung einer Veränderung nicht beurteilen können, weil sie glauben, eine Abweichung selbst wieder aufholen zu können, oder weil sie schlichtweg Angst haben, durch einen Verzug schlecht dazustehen.
Also wird den Controllern (Projektleitern, Teilprojektleitern, Zuständigen aus dem Projektbüro) nichts Anderes übrig bleiben, als die aktuellen Stände der Abarbeitung regelmäßig und beharrlich abzufragen (Pull-Prinzip).

> Tipp für Projektleiter/Controlling-Zuständige: Regeln Sie bereits in der ersten Projektsitzung, wie die Meldung der Ist-Stände zu erfolgen hat, und schwören Sie die Teammitglieder auf ein Verfahren ein.

Welche aktuellen Arbeitspaketdaten werden gemeldet?

Tatsächliches Datum des Arbeitsbeginns

Sind vor Arbeitsbeginn bereits Verzögerungen absehbar, meldet der Verantwortliche, wann er beabsichtigt, die Arbeit aufzunehmen. Verantwortliche sollten keine vagen Aussagen wie „in Kürze“ akzeptieren, sondern auf Aussagen wie: „Nicht später als zum Termin x“, „In keinem Fall vor dem Termin x“ oder „Sicher zum Termin x“ bestehen.

Dauer und Aufwand

> Unterscheiden Sie genauestens zwischen den Aussagen Dauer und Aufwand.

Die Information „Ich arbeite seit 8 Tagen“ ist nicht aussagekräftig, wenn unbekannt ist, mit welcher Kapazität gearbeitet wurde und wie viel Arbeit tatsächlich geleistet wurde.
Bestehen Sie deshalb auf den folgenden detaillierten Informationen:

- Wie hoch ist der tatsächliche Arbeitsaufwand, der bisher geleistet wurde?
- Ist der Endtermin der Aktivität haltbar?
- Wenn ja, wie hoch wird der Restaufwand beziffert und ist eine Verkürzung der Restdauer möglich?
- Wenn nein, warum wird ein Verzug eintreten?
- Auf wie lang wird die verbleibende Restdauer geschätzt?
- Bewegt sich die Restdauer in den Toleranzgrenzen (freier Puffer)?
- Welche Maßnahmen schlägt der Verantwortliche vor, um Termintreue zu gewährleisten?

Fertigstellungsgrad

Die Frage nach dem Fertigstellungsgrad ermittelt, wie viel Prozent der Dauer abgelaufen oder wie viel Prozent der Arbeit abgeschlossen ist.

Die Information „Bin zu 30 % fertig“ ist hingegen unvollständig und nichtssagend, wenn sie nicht genauer spezifiziert wird: „In der bisher zur Verfügung stehenden Zeit, etwa 30 % der Gesamtzeit des Arbeitspaketes, habe ich cirka 50 % der zu leistenden Arbeit erbracht.“ Erst jetzt kann der Controller ermessen, wie der weitere Verlauf der Aktivität aussehen könnte, und gezielt nachfragen, ob das Arbeitspaket pünktlich fertig gestellt wird oder eine Verkürzung oder Verlängerung wahrscheinlich ist.

> Die Frage nach dem Fertigstellungsgrad impliziert immer das Risiko der Fehleinschätzung oder gar der bewussten Irreführung.

Lassen Sie sich daher nicht auf imaginäre Zahlen wie Fertigstellungsgrad = x % ein, sondern entwickeln Sie ein Messsystem. Beispielsweise als Grobrasterung: null % = Arbeit hat noch nicht begonnen, 50 % = Arbeitspaket in Arbeit, 100 % = abgeschlossen. Oder verfeinert: null % = Arbeit hat noch nicht begonnen. 5 % = Arbeit hat begonnen usw.

Kosten

Ob sich die Kosten im geplanten Rahmen bewegen, ist meist schon erkennbar aufgrund der Rückmeldung von Dauer, Aufwand und Restschätzung. Weicht die Restschätzung vom geplanten Aufwand ab, so ist zu entscheiden, wie die Arbeit fortgeführt wird und ob die Maßnahme (z. B. Einsatz von Fremdfirmen) in das Budget passt.

Einfluss auf abhängige Arbeitspakete

Jede Änderung, ob positiver oder negativer Art, wirkt sich auf alle Aktivitäten aus, die logisch davon betroffen sind, also diejenigen, für die Nachfolgebeziehungen bestehen.

> Der Controller stellt das Beziehungsgeflecht fest und isoliert es von allen unabhängigen Aktivitäten.

Hierbei hilft ihm Projektmanagement-Software.

Er beurteilt, welche Auswirkungen eine Verkürzung oder Verlängerung des auslösenden Tasks haben kann, und bewertet diese anhand der Zielvorgabe und des zur Verfügung stehenden Puffers. Erst dann entscheidet er, ob Maßnahmen eingeleitet werden müssen.

Überschreitet ein Verzug oder eine Kostenveränderung den Verantwortungsrahmen des Projektleiters, so muss dieser es dem Lenkungsausschuss mitteilen und um Entscheidung bitten.

Projektüberwachung stellt sich als Spirale dar. Gegen Ende der Projektlaufzeit werden die zu überwachenden Aktivitäten immer weniger. Gleichzeitig nehmen Wissen und Erfahrung zu.
Aber: Je weniger zu überwachen ist, desto weniger Entscheidungsspielraum hat der Projektleiter im Veränderungsmanagement. Werden am Anfang eines Projektes die rückgemeldeten Daten ausschließlich genutzt, um in die Zukunft des Projektes zu extrapolieren, so nimmt gegen Ende diese Bedeutung immer mehr ab.

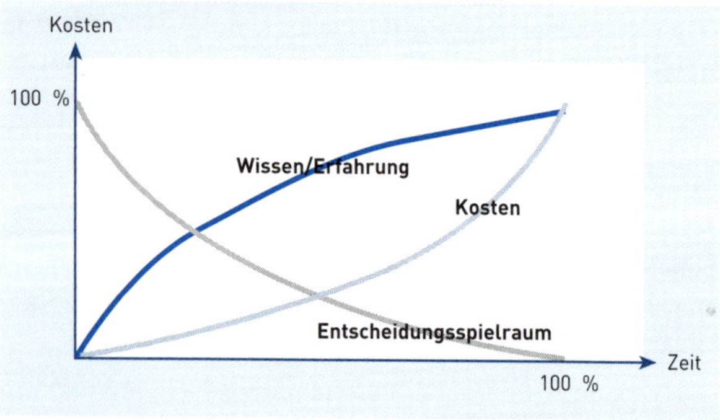

Wissen und Kosten steigen, der Entscheidungsspielraum nimmt gegen Projektende ab.

Demgegenüber gewinnt die Projektakte an Bedeutung, und zwar als „Erfahrungsschatztruhe“ aus Informationen und Entscheidungen, die in der Vergangenheit lagen.

Durchführbarkeit des Projektes

Dieses Buch kann nicht alle Aspekte des Managements von Projekten beleuchten, genauso wie in Ihren Projekten sicherlich nicht alle angesprochenen Faktoren zum Tragen kommen werden. Trotzdem soll versucht werden, Projektleitern durch einen 360-Grad-Überblick einen Maßstab für die Erfolgswahrscheinlichkeit ihres Projektes an die Hand zu geben.

Bitte beantworten Sie nachfolgende 43 Fragen und geben Sie für Ja 10 Punkte, für Teilweise 5 Punkte und für Nein 0 Punkte

360 °-Überblick über das Projekt	Ja	Teilweise	Nein
Ist der Status quo vor Beginn des Projektes bekannt und analysiert?	☐	☐	☐
Wurde eine Projektnutzenaussage erstellt?	☐	☐	☐
Wurde der Schwierigkeitsgrad des Projektes definiert?	☐	☐	☐
Ist das Projekt konform zur Unternehmensstrategie?	☐	☐	☐
Ist die Priorität des Projektes innerhalb der Unternehmenshierarchie definiert und bekannt?	☐	☐	☐
Kennen die Verantwortlichen den Anlass zur Durchführung des Projektes?	☐	☐	☐
Sind die Ziele des Projektes klar und widerspruchsfrei definiert?	☐	☐	☐
Sind die Nichtziele des Projektes definiert?	☐	☐	☐
Ist der Nutzen des Projektes bekannt?	☐	☐	☐
Gibt es Erfahrungen aus ähnlichen Projekten, die diesem Projekt helfen könnten?	☐	☐	☐
Sind Unterstützer des Projektes bekannt?	☐	☐	☐
Ist bekannt, wem das Projekt schaden könnte?	☐	☐	☐

Wurden Spielregeln für den Umgang miteinander und die Kommunikation vereinbart?	☐	☐	☐

Organisatorisches	**Ja**	**Teilweise**	**Nein**
Wurde damit begonnen, ein Projekthandbuch zu erstellen?	☐	☐	☐
Wer sind die übergeordneten Gremien und deren Mitglieder?	☐	☐	☐
Wurde ein Projektstrukturplan erstellt?	☐	☐	☐
Gibt es ein Organisationsdiagramm?	☐	☐	☐
Sind die Kompetenzen innerhalb des Projektes definiert, bekannt und akzeptiert?	☐	☐	☐
Ist allen Beteiligten klar, wie die Entscheidungswege laufen?	☐	☐	☐
Gibt es definierte Eskalationsszenarien?	☐	☐	☐
Wurden die Kommunikationswege und -rituale definiert?	☐	☐	☐
Wurden alle notwendigen Anträge vorgelegt und sind diese genehmigt?	☐	☐	☐
Wurde definiert, wer das Projekthandbuch, die Ergebnisdokumente und Anforderungsänderungen dokumentiert?	☐	☐	☐
Sind regelmäßige Meetings geplant?	☐	☐	☐

Terminplanung/-änderung	**Ja**	**Teilweise**	**Nein**
Wurde ein (grober) Projektterminplan erstellt?	☐	☐	☐
Ist das Projekt in Phasen untergliedert?	☐	☐	☐
Wurden am Ende der Phasen und evtl. der sinnvollen Abschnitte Meilensteine definiert?	☐	☐	☐
Sind vorgegebene Terminziele realistisch?	☐	☐	☐
Wurden Arbeitspakete hinreichend genau beschrieben?	☐	☐	☐
Gibt es einen definierten Workflow für den Umgang mit Terminänderungen (Projektmonitoringplan)?	☐	☐	☐
Gibt es eine Vereinbarung zur Nutzung von Hilfsmitteln zur Projektplanung (vorbereitete Excel-Listen, PM-Tools)?	☐	☐	☐

Ist das Berichtswesen definiert (Projektberichtsplan)?	☐	☐	☐
Ressourcen/Kapazitäten/Finanzmittel	**Ja**	**Teilweise**	**Nein**
Wurde ein Personalbudget berechnet, beantragt, genehmigt (Projektpersonal-bedarfsplan)?	☐	☐	☐
Wurde ein Finanzmittelbudget berechnet, beantragt, genehmigt (Projektfinanzmittelbedarfsplan)?	☐	☐	☐
Gibt es bereits Berechnungen über die benötigten Kapazitäten in den jeweiligen Arbeitspaketen?	☐	☐	☐
Ist die Verfügbarkeit der Ressourcen bekannt, die für den Projektablauf essenziell sind?	☐	☐	☐
Sind vorgegebene Kostenziele realistisch?	☐	☐	☐
Risiken	**Ja**	**Teilweise**	**Nein**
Gibt es Unsicherheiten im Projektbudget?	☐	☐	☐
Ist die Projektfinanzierung gesichert?	☐	☐	☐
Wurden Risiken zur Termin-, Budget- und Sachzielerreichung identifiziert?	☐	☐	☐
Gibt es Aussagen zur Eintrittswahr-scheinlichkeit und zum Risikoausmaß?	☐	☐	☐
Wurden Szenarien zur Abwendung möglicher Risiken erstellt?	☐	☐	☐
Wurde ermittelt, wie hoch die Wahrscheinlichkeit von Projektziel-änderungen einzuschätzen ist?	☐	☐	☐

Bewertung:

- Bei mehr als 350 Punkten sind Sie für das Projekt gut gerüstet. Trotzdem: Je mehr Sie an Vereinbarungen im Vorfeld treffen, je mehr Informationsquellen Sie im Vorfeld eruieren, desto größer ist die Wahrscheinlichkeit des Projekterfolges.
- Bei 200–350 Punkten ist der Erfolg Ihres Projektes mit so viel Risiken behaftet, dass Sie in jedem Falle die Checkliste durcharbeiten sollten, um wesentliche Faktoren zu klären
- Weist Ihr Projekt weniger als 200 Punkte aus, sind die Erfolgsaussichten gering. Nehmen Sie besser Abstand von der Durchführung oder überdenken Sie das Projekt neu.

Projektberichte

Keiner mag ihn, den Projektbericht. Für den Teilprojektleiter, der an seinen Projektleiter berichtet, oder den Projektleiter, der an den Lenkungsausschuss berichtet, ist er oft lästig, da mit Rechercheaufwand verbunden. Für das Management ist er entweder nichtssagend, weil nicht interpretierbar, oder zu umfangreich. Kein Mitglied eines Lenkungsausschusses oder gar der Unternehmensleitung ist gewillt, umfangreiche Prosa zu durchforsten, um sich ein Bild von der Situation des Projektes zu machen. Ein Projektbericht muss auf den ersten Blick erkennen lassen, ob die Sonne scheint, ob es tröpfelt oder ob ein veritabler Orkan heranzieht.

Projektberichte sind unverzichtbar, denn auf Basis dieser Berichte werden vom Management (Lenkungsausschuss, Unternehmensleitung) oft weitreichende Entscheidungen gefällt. Jeder Projektleiter sollte also ein elementares Interesse daran haben, dass die Reports, die er im Rahmen seiner Berichtspflicht vorzulegen hat, nicht nur die aktuelle Situation realitätsgetreu abbilden, sondern die wesentlichen Daten und Trends auf einen Blick übersichtlich präsentieren.

Wie ein Wetterbericht erreicht ein guter Projektbericht die gewünschte Aussagekraft mit der gerade noch notwendigen und vertretbaren Detailtiefe. Wie ein Wetterbericht zeigt ein guter Projektbericht den aktuellen Stand mit allgemein verständlichen Symbolen und gibt einen Ausblick auf das künftige Geschehen.

Auf den folgenden Seiten soll ein exemplarischer zweiseitiger Wochenbericht erarbeitet werden.

Der Projektbericht

Seite 1 des Projektberichts: Visualisierung der wichtigsten Aussagen des Projektes

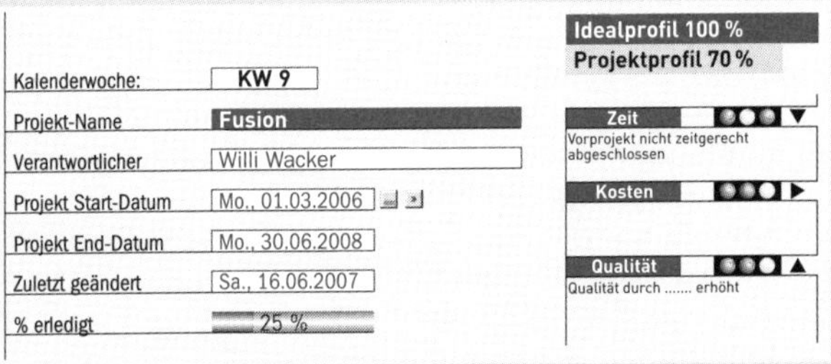

Beispiel Seite 1 eines Projektberichtes

Projekterfolgsindex

Erfahrungsgemäß wird zuerst die Aussage betrachtet: „Wie steht das Projekt gegenüber dem Idealzustand?" Der Idealzustand wäre, dass das Projekt exakt so abläuft wie geplant, er ist mit 100 Prozent zu setzen. Der Projekterfolgsindex ist immer eine aktuelle Lagebeurteilung. Er gibt an, wie hoch die Wahrscheinlichkeit ist, dass das Projekt „in Time", „in Cost" und „in Quality" abläuft. Die Beurteilung des Projektstandes gegenüber dem Idealzustand ist natürlich subjektiv, lässt sich aber über die Feststellung der Abweichungen im Projekt und die Analyse von Projektrisiken relativ gut verifizieren. Im Internet sind mittlerweile recht gute Exceltabellen kostenfrei verfügbar, die den Projekterfolgsindex makrogestützt berechnen.

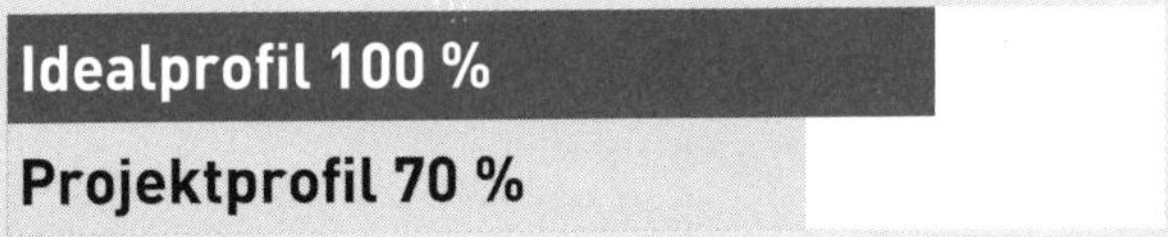

Projekterfolgsindex

Ampelreport

Um den Index der Erfolgswahrscheinlichkeit des Projektes zu bestimmen (Projekterfolgsindex), steht zuallererst die Beurteilung der Situation nach den Maßgaben des magischen Dreiecks des Projektmanagements. Diese erfolgt sinnvollerweise in Form eines Ampelreports mit kurzer Erläuterung und einer Anzeige, ob und wie sich die Situation gegenüber dem letzten Bericht verändert hat.

- Bewegt sich mein Projekt in definierter Qualität, im vorgegebenen Zeit- und Kostenrahmen?
- Wie kam es zu einer eventuellen Veränderung der Situation?
- Wie haben sich diese drei Parameter gegenüber der letzten Statusanalyse verändert?

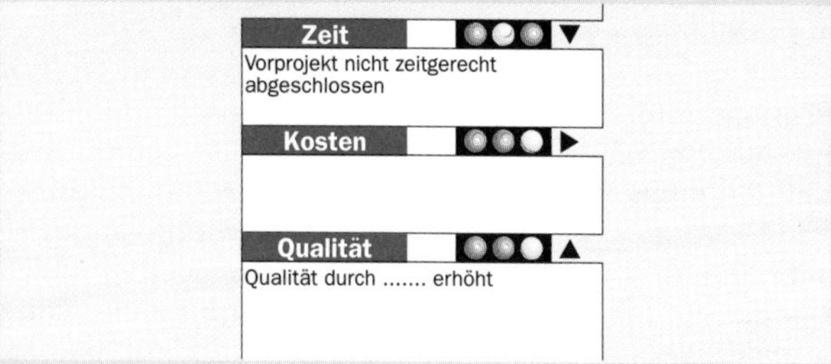

Ampelreport mit Trendpfeilen

Voraussetzung für den Ampelreport ist die einheitliche Interpretation der Ampelsituationen. Sorgen Sie dafür, dass alle verstehen, was die Ampelfarben bedeuten.

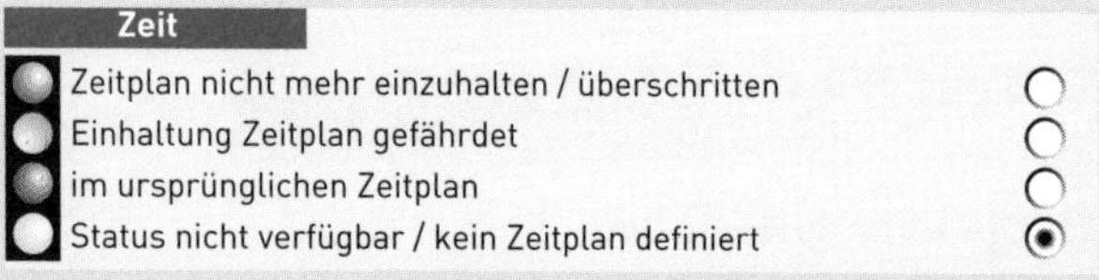

Beispiel für die Definition einer Zeitampel

Kosten

- Kosten werden überschritten ○
- Leichte Kostenüberschreitung möglich ○
- Kostenrahmen eingehalten ○
- Status nicht verfügbar ◉

Beispiel für die Definition Kostenampel

Qualität

- Nachbesserungen notwendig ○
- entspricht mit Einschränkungen ○
- entspricht spezifizierten Erwartungen ○
- Status nicht verfügbar / Qualität nicht definiert ◉

Beispiel für die Definition Qualitätsampel

Entwicklung gegenüber dem letzten Bericht:
Ein Tipp: Betrachten Sie die Ampelentwicklung gegenüber dem letzten Bericht und dokumentieren Sie die Entwicklung in Pfeilform.

- ▼ Verschlechterung gegenüber dem letzten Report
- ▶ Situation gegenüber letztem Report unverändert
- ▲ Verbesserung gegenüber dem letzten Report

Erledigungsgrad

Ein weiterer wichtiger Gesichtspunkt des Projekterfolgsindexes ist die Beurteilung des Erledigungsgrades:

- Wo steht das Projekt auf der geplanten Zeitachse?
- Wo steht das Projekt in Hinblick auf Aufwand und Kosten?

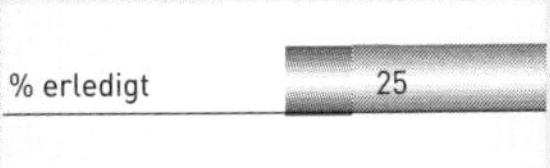

Zur Visualisierung des Erledigungsgrades bietet sich das Streifendiagramm an.

Seite 2 des Projektberichts:
Situationsbeschreibung und Projektkennzahlen

Zu einem Projektbericht gehört eine kurze verbale Beschreibung der Situation in Bezug auf den aktuellen Stand, erreichte Ziele/Ergebnisse, nicht erreichte Ziele/Ergebnisse und offene Punkte bzw. Punkte mit Klärungsbedarf. Bedenken Sie bitte, dass Sie die Situation kurz und präzise schildern. Eine umfangreiche Analyse wird erst dann notwendig, wenn Sie vom Management dazu aufgefordert werden.

Kurze Beschreibung der aktuellen Situation:	
Im Berichtszeitraum erreichte Ziele/Ergebnisse:	
Im Berichtszeitraum NICHT erreichte Ziele/Ergebnisse:	
Offene Punkte/ Klärungsbedarf:	

Zu den wesentlichen Projektkennzahlen gehören die Abweichungen von Zeit, Arbeit und Kosten gegenüber den Planungswerten. Diese Zahlen werden im Rahmen der Projektüberwachung (siehe Kapitel 6) regelmäßig ermittelt und für den Bericht konsolidiert. Sie geben einen exakten Soll-Ist-Vergleich zum Zeitpunkt des Berichtes.

	Aufwand	Kosten		Ende Abweichung
Soll	455 PT	650 T€	Soll-Ende	13.07.07
Ist	320 PT	420 T€	Geschätztes Ende	31.07.07
Rest	135 PT	230 T€	Abweichung	12 Tage
Geschätzter Rest	160 PT	300 T€		

Über diese aktuelle Momentaufnahme hinaus sind zwei weitere Betrachtungsebenen notwendig:

1. Zielerreichungsperspektive:

Hier werden Sacherledigungsstand, verbrauchte Projektlaufzeit und verbrauchte Personalkapazität grafisch gegenübergestellt. Im Idealfall sollten diese drei Parameter den gleichen

Wert aufweisen. Die Aussagen werden sinnvoll in Form eines horizontalen Balkendiagramms dargestellt. Im unten aufgeführten Beispiel liegt das Problem vermutlich an mangelnder Ressourcenverfügbarkeit.

Zielerreichungsperspektive kumuliert ab Projektstart

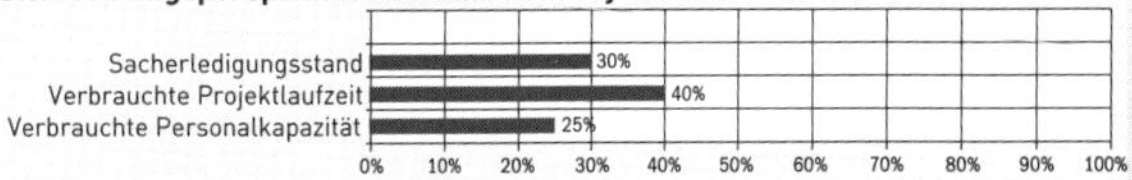

2. Risikobetrachtung:
Beurteilt wird die potenzielle Gefährdung der Zieldimensionen in Bezug auf den Projektabschluss. Als Darstellungsform bietet sich ein graduelles Streifendiagramm an, das von positiver Beurteilung (grün) zu negativer Beurteilung (rot) wandert. Die Gefährdung wird in Form von Schiebern eingestellt.

Zielerreichungsperspektive kumuliert ab Projektstart

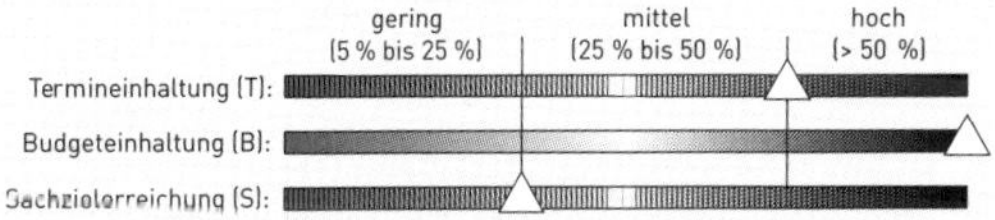

Meilenstein-Trend-Darstellung

Die Meilensteine als fixierte Haltepunkte innerhalb eines Projektes, die an das Erreichen vorgegebener Ziele gebunden sind, stellen kritische Eckdaten dar, auf die insbesondere das Prozesscontrolling sein Augenmerk richtet.
Für die Verschiebung eines Meilensteintermins können prinzipiell zwei Gründe verantwortlich sein:

- Ein zeitlicher Verzug, der außerhalb der Puffertoleranz liegt und nicht anders aufgefangen werden kann.

- Das Ziel kann zwar erreicht sein, es entspricht aber nicht den geforderten Qualitätsmerkmalen.
  Als logische Folge muss
  - das Ziel entweder in der Qualität reduziert werden,
  - ein neuer Termin gesetzt werden, zu dem das ursprüngliche Ziel erreicht werden soll, oder
  - das Projekt muss abgebrochen werden.

  Da Meilensteine höchste Priorität im Projekt haben, ist es wichtig, dokumentiert nachzuvollziehen, wie sich deren Terminsituation bis zum Erreichen des Ziels darstellt.

Die Meilenstein-Trend-Darstellung erlaubt aber auch einen Ausblick auf die Zukunft, denn Meilensteine stehen immer am Ende von Prozessketten, zu denen sie in Abhängigkeit stehen. Beachten Sie bitte, dass wir hier von einer Meilenstein-Trend-Darstellung sprechen und bewusst nicht den Begriff der Meilenstein-Trend-Analyse verwenden. Diese reicht weiter, denn eine echte Analyse beinhaltet auch das Forschen nach der Ursache.
Als Instrument für die Darstellung greift man in der Praxis in der Regel auf Diagramme zurück.
Im Diagramm trägt der Controller den Berichtszeitpunkt und das voraussichtliche Ende des Meilensteins im Schnittpunkt von Ordinate und Abszisse ein. Treffen Meilensteine die Hypotenuse im Meilenstein-Trend-Dreieck, so ist das Ziel mit den dazugehörigen Qualitätskriterien erreicht.
Selbstverständlich erlaubt manche Projektmanagement-Software zwar eine Meilenstein-Trend-Darstellung, nur liegt der Arbeitsaufwand für die Visualisierung dabei in der Regel sehr viel höher als mit dieser einfachen und besonders zur Präsentation in Führungsgremien geeigneten Darstellungsform.
Auf die gleiche Weise lassen sich auch Kostentrends darstellen, ja sogar Aufwandtrends, wenn die Ordinate nur geeignet skaliert wird.

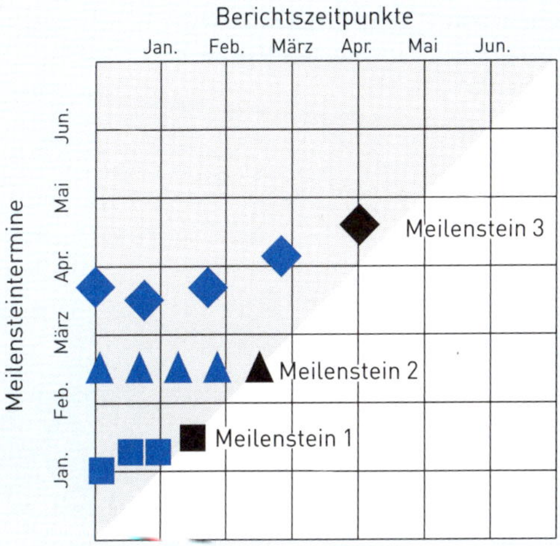

Diagramm Meilenstein-Trend-Darstellung

Tabellarische Soll-Ist-Verfolgung

Zum Einsatz dieses Instruments müssen alle Projektdaten in tabellarischer Form erfasst werden. Hierbei ist besonderes Augenmerk auf alle Soll-Ist-Differenzen, deren Gründe und die gegensteuernden Maßnahmen zu legen:

- Soll-Start gegenüber Ist-Start,
- Soll-Ende gegenüber Ist-Ende,
- Soll-Dauer gegenüber Ist-Dauer und eventuell notwendige Schätzung der Restdauer,
- Soll-Aufwand gegenüber Ist-Aufwand und eventuelle Schätzung des Restaufwands,
- Darlegung der Gründe, welche zu einer Verzögerung führten oder führen können, und
- Dokumentation der eingeleiteten oder einzuleitenden Maßnahmen, die zur Zielerreichung notwendig wurden oder werden.

Wie bereits erwähnt, kann es sehr nützlich sein, die Rückmeldung prozentualer Fertigstellungsgrade von Arbeitspaketen zu klassifizieren.

Zur tabellarischen Soll-Ist-Verfolgung gehört zwingend ein Projekt-Status-Bericht, in dem zusätzlich Chancen und Risiken für den gesamten weiteren Projektverlauf und das Erreichen von (Teil-)Zielen bewertet und beschrieben sind.

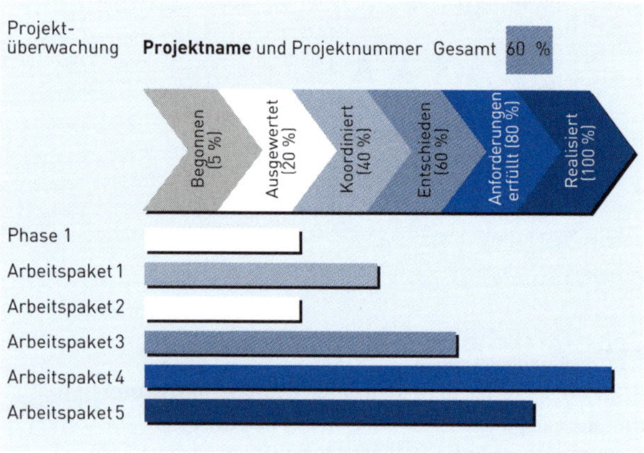

Vereinheitlichtes Messsystem für Fertigstellungsgrade in Projekten

Bestandteil dieses Berichts ist z. B. auch, notwendige Managemententscheidungen auf Führungsebene zu skizzieren und vorzubereiten.

Soll-Ist-Verfolgung im Balkendiagramm

Der Projektablaufplan sollte bereits die Soll-Ist-Daten in tabellarischer Form enthalten. Für die Projektverfolgung ist es notwendig, im Balkendiagramm eine Darstellungsform zu finden, in der möglichst drei Ebenen sichtbar werden:

Ebene 1: Soll-Daten
Ebene 2: Ist-Daten mit prozentualem Fertigstellungsgrad
Ebene 3: Neuberechnung des weiteren Verlaufs aufgrund von Soll-Ist-Diskrepanzen

Diese Darstellung übersteigt ab einer gewissen Größenordnung und Komplexität die Handhabbarkeit mit klassischen Mitteln und erfordert Software. Was nachfolgend für Software gesagt wird, gilt aber natürlich im übertragenen Sinn analog für das klassische Vorgehen (z. B. die übersichtliche Gestaltung des Balkendiagramms mit farblicher Codierung).

Vorgehen mit Projektmanagement-Software

Bei Benutzung von Projektmanagement-Software empfiehlt es sich, nicht nur diese drei Ebenen zu visualisieren, sondern auch sinnvolle Filter zu setzen.
Zu einem bestimmten Stichtag möchten Sie als Projektleiter/-in wissen, von welchem Verantwortlichen Sie welche Rückmeldung erwarten.
Der Stichtag trennt das Balkendiagramm in zwei Teile:

- Links des Stichtags stehen die bereits erledigten oder zumindest begonnenen Arbeitspakete, also alles, was in der Vergangenheit liegt und somit nachprüfbar ist.
- Rechts des Stichtags stehen die zukünftigen Ereignisse.

Durch Eingabe aktueller Daten und Schätzung von Restdauer und Restaufwand lassen sich recht gute Vorhersagen über den weiteren Projektverlauf generieren, insbesondere Vorhersagen darüber, ob Arbeitspakete wie geplant verlaufen werden oder ob Verzögerungen eintreten.
Dabei ist es sinnvoll, sich auf die relevanten Arbeitspakte zu beschränken. Blenden Sie daher aus:

- alle Arbeitspakete, die bis zum Stichtag bereits als fertig gemeldet wurden. Das erleichtert nicht nur den Überblick, sondern reduziert die Zahl der zu überwachenden Arbeitspakete mit zunehmender Projektdauer.

- Alle Arbeitspakete, die in ferner Zukunft liegen, denn mit diesen brauchen Sie sich erst zu beschäftigen, wenn der Termin erreicht ist oder wenn sie in Abhängigkeit zu einem Arbeitspaket stehen, dessen Ende sich verzögert.

Die meisten Programme bieten hier gute Visualisierungsmöglichkeiten, meist durch Farben (z. B. Balkendiagramm mit den Soll-Daten in Grau, den Ist-Daten in Gelb mit Prozentanzeige und, bei der Neuberechnung, Blau für unkritisch und Rot für kritisch).

Maßnahmen zur Behebung von Abweichungen im Projektplan

In den seltensten Fällen verläuft ein Projekt wie geplant. Mit den bereits beschriebenen Maßnahmen protokollieren Sie nicht nur den aktuellen Stand des Projektes, sondern Sie erkennen frühzeitig Abweichungen vom Soll-Stand des Projektes und können darauf reagieren.
Ist erst einmal bekannt, warum sich ein Arbeitspaket verzögert, so heißt das aber noch lange nicht, dass gleich einschneidende Korrekturen notwendig sind.

- Klären Sie zuerst die Frage, ob der Verzug noch innerhalb der Pufferzeiten und des Budgets liegt. Ist dies der Fall, so untersuchen Sie, ob diese Verzögerung Auswirkungen auf den Beginn weiterer Arbeitspakete besitzt.
- Sprechen Sie dann mit den Verantwortlichen, die von einer Verzögerung der Vorgängeraktivität betroffen sind, und klären Sie, ob im neu skizzierten Erledigungszeitraum genügend Kapazität zur Verfügung steht.
- Erst wenn klar wird, dass nur weitergehende Korrekturen den Projektverlauf stabilisieren können, ergreifen Sie die notwendigen Maßnahmen durch
  - Korrektur der einzelnen Arbeitspakete,
  - Korrektur der Ablauffolge,
  - Korrektur der Rahmenbedingungen.

Korrektur der einzelnen Arbeitspakete

Dabei ist es nicht immer der richtige Weg, die Kapazität zu erhöhen, im Gegenteil. Um im Bild zu bleiben: Sie treten sich gegenseitig auf die Füße und behindern sich mehr als sich zu ergänzen. Erhöhter Einsatz von Ressourcen impliziert immer erhöhten Verwaltungs- und Koordinationsaufwand, so dass das Budget nicht nur mit den Ressourcenkosten strapaziert wird, sondern unter Umständen mit einem Mehrfachen.

Korrektur der Ablauffolge

In der Regel sind Arbeitspakete auf unterschiedliche Weise voneinander abhängig:

- Die EA-Beziehung (Ende-Anfang)
  Ein Arbeitspaket beginnt, wenn sein Vorgänger endet.
- Die AA-Beziehung (Anfang-Anfang)
  Start einer Aktivität entspricht dem Start des Vorgängers.
- Die EE-Beziehung (Ende-Ende)
  Ein Arbeitspaket endet, wenn sein Vorgänger endet. Der Starttermin ergibt sich rückwärts gerechnet aus Ende - Dauer.
- Die AE-Beziehung (Anfang-Ende)
  Ein Arbeitspaket muss beendet sein, bevor sein Vorgänger anfängt. Diese Beziehung klingt seltsam, macht aber im täglichen Leben durchaus Sinn. Beispiel: Um Teile zu montieren, muss Spezialwerkzeug hergestellt sein. Der Beginn der Herstellung wird vom Anfang des Montagebeginns rückgerechnet.

Alle Beziehungsarten können sowohl mit positiven Zeitabständen (wenn ich beispielsweise ein Fundament betoniere, benötige ich eine Trockenphase - positiver Zeitabstand -, um anschließend mauern zu können) als auch mit negativen Zeitabständen versehen sein. Letzteres kann eintreten, wenn z. B. Arbeiten ganz oder teilweise parallel ablaufen.

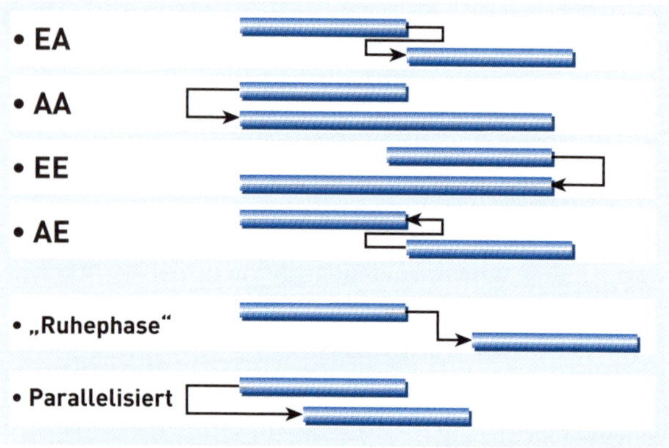

Beziehungen zwischen Arbeitspaketen

Bevor Sie als Projektleiter/-in oder Teilverantwortlicher Kapazitäten erhöhen, ist es durchaus sinnvoll, sich die Frage zu stellen, ob eventuelle Ruhezeiten verkürzt oder Arbeitspakete parallelisiert werden können.

Natürlich ist auch in diesem Fall mit einem leicht erhöhten Koordinationsaufwand zu rechnen. Jedoch hält sich dieser im Vergleich zur Kapazitätserhöhung meist im vertretbaren Rahmen. Muss dennoch die Kapazität ausgeweitet werden, so bieten sich an: Arbeitszeiten erhöhen, Überstunden einplanen, Einkauf von Arbeiten oder Rekrutierung weiterer eigener Mitarbeiter.

Korrektur der Rahmenbedingungen

Analysieren Sie, inwieweit vereinbarte Ziele und Budgets durch Verzögerungen beeinflusst werden.

Stellen Sie dann fest, ob der Leistungsumfang verringert werden kann. Gerade bei eng gefassten Budgets kann es notwendig werden, statt einer unumgänglichen Kapazitäts- und somit Kostenerhöhung Arbeitsaufwand zu reduzieren.

Damit wird der Erledigungszeitraum reduziert. Voraussetzung ist, dass die Verantwortlichen überprüfen, ob das Ziel des Arbeitspakets tatsächlich in der geplanten Qualität erreicht werden muss.
Denn sparen Sie Kosten und Arbeit ein, so führt das zwingend zu einer Reduktion der Qualität.

Risiken im Projektcontrolling

Ein Projekt kann nur so gut kontrolliert werden, wie es geplant wurde.

> Unzureichende, unvollständige oder ungenaue Planung führt zu falschen Soll-Annahmen, Abweichungen sind dann nicht mehr realistisch zu beurteilen.

Auch potenzieren sich Fehler in der Planung des weiteren Projektablaufs. Controlling ist immer auch Planung! Planung aber nicht in Hinblick auf Verwaltung bereits erreichter Ziele, sondern mit Blick auf die zukünftigen Ereignisse.
Diese vorherzusehen, frühzeitig Chancen und Risiken zu erkennen, rechtzeitig und gezielt gegenzusteuern, ist die Pflicht des Projektcontrollings, in Absprache mit dem Team und dem Führungsmanagement die richtigen Entscheidungen zu treffen die Kür. Nur zu oft werden Entscheidungen nicht im Einklang mit den Zielen getroffen oder führen zur Überlastung von Mitarbeitern, die sich dann innerlich vom Projekt verabschieden.
Die Praxis zeigt immer wieder: Besonders beim Einsatz von Projektmanagement-Software führt mangelnde Anwendererfahrung oder schlampige Datenerfassung zum Chaos.

Auch Projektmanagement-Software muss „gelebt“ werden.

8 Projektabschluss

Beim Projektabschluss müssen zwei grundverschiedene Situationen unterschieden werden:

- Liegt dem Projekt ein verbindlicher Auftrag zugrunde, ist ein korrekter Projektabschluss unerlässlich, der Auftraggeber erwartet ein wie auch immer geartetes Produkt für sein Geld, sei es eine Anlage, die Konfiguration eines Netzwerkes oder ein Gutachten.
- Anders sieht es aus, wenn sich das Projekt um ein zwar wünschenswertes, aber nicht zwingendes Ziel bemüht hat. Vermutlich kennen Sie die Situation, dass ein Projekt nicht zum Ende kommen will. Man ist schnell mit einem hohen prozentualen Fertigstellungsgrad zur Hand, aber ein paar Prozent zum letztendlichen Erreichen des Ziels fehlen. Was ist mit diesem Rest? Vermutlich kennen Sie auch die Situation, dass sich ein Projekt ohne messbare Erfolge zäh dahinschleppt und im Sande verläuft, niemand erklärt sich mehr zuständig, die Motivation ist bei Null angekommen und der Rest des Unternehmens bemerkt nur noch lapidar: „Ach das Projekt. War schon von vornherein zum Scheitern verurteilt. Hat man nie in den Griff bekommen."

Natürlich legt bei negativem Projektausgang, wenn die Ziele nicht erreicht wurden oder nicht erreicht werden konnten, niemand gern über seine Arbeit Rechenschaft ab. Aber auch unbequeme Wahrheiten sind letztlich Wahrheiten und somit Tatsachen, aus denen man lernen kann.

> Daher sollte der Abschluss eines Projektes, unabhängig von der Zielerreichung, sehr bewusst gestaltet werden.

Hinzu kommt, dass Ressourcen zurückgeführt werden müssen. Für einen solchen geregelten Projektabschluss ist eine Reihe von Aktivitäten im Projektteam zwingend:

- Realistische Feststellung, ob und wie weit das Ziel erreicht wurde, dies bei Technik/Qualität, Kosten, Terminen, Ergebnis, Kundenzufriedenheit

- Überprüfen der Planungsqualität, der Projektdurchführung, der Teamqualität und -leistung und der angewandten Methoden
- Bewerten des Projektumfeldes
- Ermitteln der Ursachen, die zu Abweichungen führten
- Feststellen offener Punkte und Einleiten von Nachfolgearbeiten
- Durchführen der Projektabschlusskalkulation
- Zusammenfassen und Dokumentieren der gesammelten Erfahrungen, auch in Hinblick auf Chancen, Risiken und Verbesserungspotenziale
- Entlasten des Projektleiters
- Auflösen der Projektorganisation

Projektschlusssitzung

Selbst wenn zum Zeitpunkt des Projektabschlusses nicht mehr alle Mitglieder des Projektteams zur Verfügung stehen, weil sie vielleicht bereits in neuen Projekten oder anderen Aufgaben tätig sind; zum Projektabschluss sollten alle eingeladen werden. Der Projektabschluss ist keine „One-Man-Show", sondern die Zusammenfassung der gesammelten Erfahrungen und Bewertungen aller Beteiligter.

Dazu gehört auch

- die Erkenntnis, wie sich die Beteiligten in dem Projekt fühlten,
- was sie aus dem Projekt und dem Umgang miteinander lernten,
- was jeder Einzelne für sich persönlich erreichte und welche persönlichen Konsequenzen daraus gezogen werden.

Statistische Auswertung

Aus der Fluktuationsquote und dem Krankenstand können beispielsweise Rückschlüsse auf die Motivation, auf Zielfeldveränderung und Führungsqualitäten gezogen werden. Die Zahl der Änderungsvorgänge pro Phase und die damit verbundenen Auswirkungen auf die Kostensituation lassen unter

Umständen einen Rückschluss zu auf die Professionalität der Projektplanung und die Erfahrung der Beteiligten.

Personalgespräche

Bevor die Projektmitarbeiter in die Linientätigkeit entlassen werden, sollte der Projektleiter ein Gespräch suchen, an welchem auch der Vorgesetzte des Funktionsbereichs laut Stellenbeschreibung teilnimmt. Ziel dieses Gespräches ist es, nicht nur die Leistung des/der Mitarbeiter/-in zu beurteilen, sondern auch auf neu erworbene Qualifikationen und notwendige Weiterqualifizierung hinzuweisen. So entlassen Sie das Team mit einem guten Gefühl und eröffnen Perspektiven für künftige Aufgaben.

Unternehmerische Schlussbewertung

Unternehmerische Ziele eines geregelten Projektabschlusses sind

- objektive Erfolgskontrolle und
- Erfahrungssicherung als positiver oder negativer Ausgangspunkt für eine erfolgreiche Abwicklung weiterer Projekte.

Daher gilt auch für den Projektabschluss: „Tue Gutes und rede darüber." Kommunizieren Sie den (erfolgreichen) Projektabschluss und dessen Ergebnisse und Erfahrungen.

Dazu eignen sich ein Aushang oder adäquate Medien (Zeitschriften, Geschäftsmitteilungen, Verteiler, Datenbanken) mit den wesentlichen Informationen über:

- Projektbasisdaten (Kunde, Liefer- und Leistungsumfang, Termine),
- Ansprechpartner für die eventuelle Nachprojektphase (Gewährleistung o. Ä.).

Weitergehende Informationen sollten gezielt an Vorgesetzte und Mitarbeiter in Funktionsbereichen oder Abteilungen gestreut werden. Dazu bieten sich Foren, Chatrooms, Wikis usw. an.

Checkliste Projektabschluss

- ☐ Der Projektabschluss mit dem Kunden oder internen Auftraggeber ist vollzogen.
- ☐ Die Restpunkte aus der Vertragsabwicklung sind definiert und ihre Erledigung organisiert.
- ☐ Das Projekt ist vollständig in der Projektakte dokumentiert:
  - Verträge (Kunden, Lieferanten)
  - Technische Unterlagen (für Kunden und intern)
  - Korrespondenz
  - Sitzungsprotokolle
  - Prüf- und Abnahmeberichte
  - Übersicht über weitere Archivstandorte
  - Projektorganisationsstruktur und Projektplanungsunterlagen.
- ☐ Die Erreichung der Team- und Einzelziele ist innerhalb des Teams und mit dem (internen) Auftraggeber festgestellt.
- ☐ Termin-, Aufwands- und Kostenplan sind auf dem letzten Stand, Abweichungen von der Planung sind dokumentiert.
- ☐ Die Auflösung der Projektorganisation und die Reintegration der Projektmitarbeiter sind geregelt.
- ☐ Die Beendigung des Projektes ist im Unternehmen mitgeteilt.
- ☐ Der Erfahrungsrücklauf ist gesichert (Erfahrungen, Ausblick in die Zukunft, Empfehlungen, Fazit, Liste der Projektteilnehmer mit Erreichbarkeit).
- ☐ Eine Liste der noch offenen Punkte liegt vor.
- ☐ Restpunkte werden in Arbeitspaketen zusammengefasst.
- ☐ Die Projektakte ist übergeben.
- ☐ Der Projektleiter ist formell entlastet. Die Projektorganisation ist aufgelöst, die Projektmitglieder sind (in ihre Linientätigkeit) entlassen.

Stichwortverzeichnis

Ablauffolge 119
Ablaufplan 30, 46
Anfangsfolge 48
Anleiten 85
Arbeitspakete 40 ff. 103, 116
Auftraggeber 19
Aufwand 102
Aufwandsabschätzung 45
Auswertung 123

Balkendiagramm 116
Bottom-up 44

Chancen 56
Coaching 83
Controlling 98

Dauer 102
Delegieren 86
Durchführbarkeit 105

Einzelprojekt 61
Endfolge 48
Entscheidung 18
Erfolgswahrscheinlichkeit 105

Fachausschuss 20
Fachvorgesetzter 83
Feinplanung 61 ff.
Fertigstellungsgrad 102, 117
Freigabe 29
Führungsrolle 82

Gantt-Chart 50 f.
Gesamtplan 62
Grundlast 67

Informationen 100

Kick-off 34, 36
Konfliktbearbeitung 90
Kosten 71, 103
Kritischer Weg 49

Lenkungsausschuss 19
Linienvorgesetzter 83

Magisches Dreieck 24
Management 13f.
Matrixorganisation 82
Meilenstein 30, 40
Meilenstein-Trend-Darstellung 113
Methodenkompetenz 8
Moderation 91 f.
Moderator 84
Multiprojekttechnik 64

Netzplan 50, 52
Normalfolge 47 f.

Organigramm 35

Planungsschema 31
Projektabschluss 32, 122 ff.
Projektakte 38
Projektantrag 33
Projektbegriff 11
Projektbericht 109
Projektcontrolling 98 f.
Projektdurchführung 30
Projektidee 16
Projektinitiierung 29
Projektleiter 20
~, Anforderungen 26
Projektleitung 14
Projektmanagement, Ebenen 25
~, Facetten 13
~, Sichtweise 14
Projektmanagement-Software 58, 78, 117
Projektmitarbeiter 14
Projektorganigramm 35
Projekt-Phasen-Plan 29
Projektplan, Abweichungen 118
Projektrealität 8
Projektsitzungen 92 ff.,
Projektstart 29
Projektstrukturplan 27, 39
Projektüberwachung 95
Projektvorbereitung 16 ff.
Projektziel messen 28
Puffer 48
Pufferzeit 45
Pull-Prinzip 101
Push-Prinzip 101

Qualitätsmanagement 77 f., 95

Ressourcenplanung 66
Risiken 56, 72, 77
Risikoanalyse 73
Rückmeldung 101
Rückwärtsberechnung 51

Schlussbewertung 124
Sitzung 123
Sitzungsformular 34
Soll-Ist-Verfolgung 115
Sprungfolge 48
Störfaktoren im Team 87

Team 37
Teamentwicklung 86, 88
Terminplanung 61
Top-down 43

Überlastungsprobleme 69
Umweltziele 25
Unterstützen 85
Unterweisen 85

Vorhaben 11
Vorwärtsberechnung 51

Was-wäre-wenn?-Analyse 74
Weg, kritischer (im Netzplan) 49

Ziel 21, 23
Zielformulierung 23